世界遺産シリーズ

世界遺産入門

―過去から未来へのメッセージ―

古田真美　著

《目　次》

■ユネスコとは　5
ユネスコとは　ユネスコ憲章の前文　ユネスコの目的と活動領域　ユネスコの財政
ユネスコの3つの機関　ユネスコの5つの主要機能　ユネスコ世界遺産センター
日本ユネスコ国内委員会　民間のユネスコ活動　ユネスコの最近の活動

■世界遺産とは　11
■世界遺産とは　12
かけがえのない人類の至宝　世界遺産とは　世界遺産の考え方が生まれたきっかけ
自然と文化　視聴覚メディアの普及
■世界遺産条約とは　15
世界遺産条約とは
世界遺産条約の理念と目的　世界遺産条約の構成　世界遺産条約の主要規定
世界遺産条約履行の為の作業指針
世界遺産条約　前文（英文）　世界遺産条約　前文（和訳）
■世界遺産の種類　20
自然遺産　文化遺産　文化的景観の概念の導入　複合遺産
世界遺産の登録基準
■世界遺産に登録されるための要件　22
三つの要件　顕著な普遍的価値の正当性
■世界遺産はどのようにして決められるのか　23
世界遺産条約締約国　世界遺産への登録手順　世界遺産委員会
専門機関による厳格な調査と事前審査　世界遺産委員会ビューロー会議の役割
世界遺産リスト　世界遺産認定書
□世界遺産登録までの流れ　26　□世界遺産登録物件数の推移　27
□世界遺産委員会のこれまでの開催国　28-29　□世界遺産分布図　30-31
□自然遺産　32　□文化遺産　36　□文化遺産（文化的景観）　42　□複合遺産　44
■多様な世界遺産　46
地球の起源から現在に至るまでの歴史を刻む世界遺産
■世界遺産に登録されたら　47
世界遺産条約締約国の義務　定期的な報告の義務　世界遺産委員会の役割
世界遺産に登録されたことによるメリットとデメリット
■世界遺産基金　50
世界遺産基金とは　世界遺産基金の財源　多くの世界遺産が危機に直面している
ユネスコの国際的な保護キャンペーン
■危機にさらされている世界遺産　52
危機にさらされている世界遺産とは　危機にさらされている世界遺産リストへの登録基準
危機にさらされている世界遺産の数　危機遺産リストからの解除　世界遺産リストからの削除
世界遺産は，いつも見えない危険にさらされている
□危機にさらされている世界遺産一覧表　63
□危機にさらされている世界遺産位置図　64-65
■負の遺産　66
■日本の世界遺産　68
世界遺産条約締約　国内での法律　11物件の世界遺産　登録された顕著な普遍的価値
世界遺産への登録手順　今後の日本の世界遺産候補地（暫定リスト登録物件）
日本の世界遺産の現状
□日本の世界遺産位置図　78
□わが国の世界遺産推薦までの流れ　79

世界遺産学入門－もっと知りたい世界遺産－　目　次

目次

■世界遺産の課題と展望　*80*
世界遺産条約採択30周年　　登録物件数の地域的不均衡　　自然遺産と文化遺産の数の不均衡
締約国から登録物件を推薦するというシステムの弊害　　世界遺産に推薦するための協力
危機にさらされた場合の緊急措置
世界的な自然保護や文化財保護についての技術協力や文化無償協力の促進
世界遺産基金の充実と世界銀行等との連携　　世界遺産の数はどこまで増える？
経済開発と環境保全のあり方　　保存と観光との両立の悩み
「人類の口承及び無形遺産の傑作の宣言」との連携と結節

■人類の口承及び無形遺産の傑作　*85*
「人類の口承及び無形遺産の傑作の宣言」の規約の採択　　口承・無形遺産とは
「人類の口承及び無形遺産の傑作の宣言」の生まれた背景とその目的　　これまでの経緯
応募の対象と資格　　応募方法　　審査の手順　　選考基準　　世界遺産との違い
わが国の対応と今後の課題　　今後の方向性
❏ユネスコの「人類の口承及び無形遺産の傑作」位置図　*94-95*

■過去から未来へのメッセージ　*97*
世界遺産は時代を経た自然や人間の所産　　世界遺産は国土・地域・まちづくりの原点
世界遺産学のすすめ　　ユネスコ世界遺産を通じての総合学習
世界遺産から無形遺産分野も含めた地球遺産へ　　グローバリズムの流れの中で
過去から未来へのメッセージ

■資料編　*103*
❏世界遺産全物件リスト（含　無形遺産）（地域別・国別）　*104*
❏世界遺産種別・登録パターンデータ
　❏自然遺産登録パターン別リスト　*112*
　❏文化遺産登録パターン別リスト　*114*
❏世界遺産の歴史的位置づけ　*120-121*
❏自然遺産を分類してみると　*122*
❏文化遺産を分類してみると　*123*

<資料・写真　提供>

タンザニア大使館, DPC/Mission Francaise de cooperation, 南アフリカ大使館, 南アフリカ政府観光局, YumeVision.com/Andrea Bruno, 印度総領事館, インド政府観光局, ネパール政府観光局, ベトナムスクエア, カンボジア政府観光局, フィリピン政府観光省, フィリピン政府観光省大阪事務所, インドネシア大使館, インドネシア政府観光局, セネガル共和国大使館, モロッコ政府観光局, エジプト大使館エジプト学・観光局, Hamdi Abd ELLatif, 中国国家観光局大阪駐在事務所, 中国国家観光局東京駐在事務所, 中国国際旅行社, 中国国家旅遊局, 中国国際旅行社（CITS JAPAN）, Seoul Metropolitan Government, Seoul Culture & Tourism, 韓国観光公社東京支社・福岡支社, Seoul Metropolitan Government, 宮島町観光課, オーストラリア大使館広報部, オーストラリア政府観光局, Environment Australsia /AHC collection / Y.Webster, ニュージーランド政府観光局, トルコ共和国大使館広報参事官室, TURKISH NATIONAL TOURIST OFFICE, 英国政府観光庁, イタリア政府観光局（ENTE PROVINCIALE PER IL TURISMO＝ENIT）, ギリシャ政府観光局, Greek National Tourism Organization, スペイン政府観光局, スイス政府観光局, オーストリア政府観光局, Tokaj.hu Kft., ポーランド大使館, グリーンピース出版会, 青木進々氏, クロアチア共和国大使館, ユーゴスラビア連邦共和国, CYBERCLARA, Parliament of Georgia, 駐日グルジア政府観光局, リトアニア大使館, Lithuanian State Department of Tourism, Wyoming Business Council Division of Tourism, アルゼンチン大使館, ヴェネズエラ大使館, ブラジル大使館, ブラジル連邦政府商工観光省観光局, チリ大使館, ペルー共和国大使館, ボリビア大使館, SECRETARIA NACIONAL DE TURISMO, FREMEN TOURS ANDES & AMAZONIA, エクアドル大使館, 古田陽久

3

ユネスコとは

　ユネスコは，国連の教育，科学，文化分野の専門機関で，本部はパリにある。事務局長は，日本人としては初めての松浦晃一郎氏（前駐仏大使）が務めている。

ユネスコとは

ユネスコとは，国際連合の専門機関の一つである教育科学文化機関（United Nations Educational, Scientific and Cultural Organization＝UNESCO）のことです。

人類の知的，倫理的連帯感の上に築かれた恒久平和を実現するために，1946年に創設されました。1945年11月にロンドンで「連合国教育文化会議」が開催され，アメリカ合衆国，カナダ，イギリス，フランス，中国など国連加盟の37か国によってユネスコ憲章（The Charter of UNESCO）を採択し，翌年，発効しました。

ユネスコの加盟国の数は，2003年1月現在で，188か国（それに6つの準加盟国）。ユネスコ本部はパリにあり，アフリカ地域，アジア・太平洋地域，アラブ諸国地域，欧州・北米地域，ラテンアメリカ・カリブ海地域など世界各地に73の事務所があります。

わが国は，1951年6月，60番目の加盟国としてユネスコのメンバーとなりました。第二次世界大戦後，わが国が国際社会に復帰した最初の場となったのです。国連への加盟は，それから5年後の1956年となりました。

ユネスコ憲章の前文

「……戦争は，人の心の中で生まれるものであるから，人の心の中に平和のとりでを築かなければならない。」（前文冒頭）の言葉は有名です。

また，しばしば繰り返されてきた戦争の原因は，「お互いの風習や生活を知らないことにより，人類の歴史を通じて世界の人々の間に疑惑と不信を引き起こしたからだ」とし，「……だから，平和が失敗に終わらない為には，それを全人類の知的および道義的関係の上に築き上げなければならない……」と謳っています。

したがって，ユネスコは，国際的な「知的協力」の機関として活動するという任務を課せられているのです。

ユネスコの目的と活動領域

ユネスコの目的は，世界の人々が教育・科学・文化の協力と交流を行い，これらを通じて国際平和と人類の福祉の促進をすることです。その活動は，「国連の良識」といわれるように，心の活動が対象とされ，人々の英知を集めた精神的な連帯で，世界の平和を実現しようというものです。

教育分野では，識字教育など，「万人のための生涯教育」を目指し，相互の文化を理解するような教育を，科学の分野では，水，海，空気，土，生物を取り囲む生物圏と環境の研究など「開発に役立つ科学」を，文化の分野では，国際交流による異文化の理解や新しい文化の創造，世界遺産の保存・保護活動の推進や無形文化遺産（伝統音楽・芸能等）の保存などの「文化の発展」を，また，コミュニケーションの分野では，「民主主義と平和を築く自由なメディア」についての調査研究の実施などが，加盟各国の政府，関係機関，及び各国レベルの民間団体（NGO）や国際的な民間団体などによって行われています。

ユネスコの財政

ユネスコの財政は，通常予算（加盟国の分担金）と通常外予算（加盟国からの任意拠出金等）から成り立っています。2002〜2003年度の通常予算は5億4400万米ドル。その内，わが国の分担金は，1億1275万米ドルで，分担率は22.0％となっています。通常外予算は3億3400万米ドルの見込みとなっています。

ユネスコの3つの機関

ユネスコには，総会，執行委員会，事務局の3つの機関があります。

総会は，ユネスコの最高管理機関であり，2年に1度の割合で会合を開催します。この総会で，ユネスコの事業方針を決定し，予算が承認されます。また，6年毎に執行委員会の勧告に基づき事務局長を任命します。

執行委員会は，日本を含め58の加盟国で構成されており，1年に2度の委員会が開催されます。ここでは，総会の議題の準備を行い，総会決議の有効な実施に責任を負います。

事務局は，ユネスコの事業の実施機関です。6年の任期で選出される事務局長の下に，加盟諸国の採択した事業計画を実施する任にあたります。現在のユネスコ事務局長は，日本人としては初めての松浦晃一郎氏（前駐仏大使）が1999年から務めています。松浦事務局長の下で2000人余りの職員が働いています。

ユネスコの5つの主要機能

また，ユネスコの活動には主に次の5つの機能があります。

(1) 将来の展望に関する研究（Prospectective Studies）

将来，世界では，どのような教育，科学，文化，コミュニケーションが必要になるか研究する機能です。

(2) 知識の進歩，移転及び共有の促進（The advancement, transfer and sharing of knowledge）

この機能は，ユネスコの最も重要な機能のひとつです。ユネスコは，地域単位，世界単位のネットワークを設け，その推進役を担います。それぞれのネットワークは，調査研究，研修，研究結果の交換などの活動を行う使命を持ちます。

ユネスコ自身は，固有の研究所や実験室をもっているわけではありませんが，研究活動を集中する触媒としての役割を果たしているのです。

(3) 規範設定の活動（Standard-stetting action）

加盟国が，様々な文化や伝統の違いを越え，共通のルール作りをする時，法的拘束力をもつ条約，協定などの国際文書や勧告や宣言が必要になります。その作成や採択を行う活動です。また，採択された国際文書が，加盟国内で尊重されているかどうか見守り，時には，その実施を手助けします。

「世界の文化遺産および自然遺産の保護に関する条約」（通称 世界遺産条約）も，1972年にユネスコの支援の下に採択された条約です。

(4) 専門的な助言（Expertise）

加盟国の開発政策・開発プロジェクトに対する専門的な助言，技術協力をするもので，例えば，世界遺産の保護・保存に対する専門的な助言を行ったり，開発途上国に対し，文字メディア，視聴覚メディアの機材を供与するなどの支援が挙げられます。

(5) 専門情報の交換（Exchange of specialized information）

様々な活動分野における専門的な情報を収集し，その情報を，広く全世界に配布しています。2年毎に作成される「世界レポート」をはじめ，「統計年鑑」，各種定期刊行物などの発行，また，稀少言語で書かれた作品を英語やフランス語，スペイン語などに翻訳したり，その逆に英語やフランス語，スペイン語などで書かれた作品の稀少言語への翻訳など，多くの情報を提供しています。

最近では，文書だけでなく，電子メディアのめざましい普及により，その活用も多くなってきました。例えば，書誌データベースがオンラインで，或は，**CD-ROM**で入手可能になっています。

ユネスコ世界遺産センター

　ユネスコの世界遺産に関する事務局は，ユネスコ世界遺産センター（UNESCO World Heritage Centre）が務めています。略称 WHC。世界遺産条約履行に関連した活動の事務局業務を行うために，1992年パリのユネスコ本部内に設立されました。ユネスコの組織では，文化セクターに属している機関です。現在の所長は，イタリア人で建築・都市計画家のフランチェスコ・バンダリン氏が務めています。

　センターの役割は，世界遺産条約締約国の総会，世界遺産委員会，世界遺産委員会ビューロー会議を仕切るほか，世界遺産への登録準備に際して，締約国への各種アドバイス，締約国からの技術援助の要請に伴う対応，世界遺産の保全状況の報告や世界遺産地の緊急事態への対応などの調整，世界遺産基金の管理などを行っています。また，技術セミナーやワーク・ショップの開催，世界遺産リストとデータベースの更新，世界遺産の啓蒙活動なども行います。

　保存に関わるNGOの国際記念物遺跡会議（ICOMOS）をはじめ，国際自然保護連合（IUCN），世界遺産都市機構（OWHC），国際博物館協議会（ICOM）などとも協力関係にあります。

日本ユネスコ国内委員会

　ユネスコは，各加盟国における国内委員会の設置を定めている国連唯一の専門機関で，規定に基づき，政府の諮問機関としてユネスコ国内委員会を設置しています。

　わが国の場合，日本における政府の窓口が，「日本ユネスコ国内委員会」で，文部科学省内に設置されており，教育・科学・文化等の各分野を代表する60名の委員で構成されています。2003年1月現在の会長は，東京芸術大学学長の平山郁夫氏です。

　ここでは，わが国におけるユネスコ活動の基本方針の策定や，活動に関する助言，企画，連絡及び調査，さらに民間の各機関や団体との連絡・情報交換などを行っています。

　各都道府県や市町村では，各々の教育委員会がユネスコ活動を担当しています。

民間のユネスコ活動

　1947年7月，仙台で，世界初の民間でのユネスコ活動団体である仙台ユネスコ協力会が誕生しました。その後，京都でも同様に協力会が発足し，民間のユネスコ運動は，日本を発祥として世界へとその輪を広げていきました。今では，世界中に多くのユネスコ協会クラブが設立されており，加盟各国の政府，関係機関と連携しながら活動しています。

　㈳日本ユネスコ協会連盟は，全国に300近くある地域のユネスコ協会の連合体で，政府機関などと協力しながら，共に平和への活動を行っています。その他，㈶ユネスコ・アジア文化センターやユネスコ東アジア文化研究センターなどの機関も様々な活動を行っています。

ユネスコの最近の活動

　2002年は，国連文化遺産年と定められ，ユネスコはその中心の機関として，様々な取り組みを行いました。アフガニスタンでのバーミヤン大仏の破壊に象徴されるように，近年，政治や民族，宗教的な理由から紛争が相次いでおり，文化財にも大きな被害が出ています。中には，意図的に文化財を標的に攻撃されることもあり，「文化に対する犯罪」として世界中から非難が集まりました。

　かけがえのない人類の至宝を，憎しみの対象とすることは許し難いことで，破壊される前に守ることが第一の使命には違いありません。しかし，紛争が終焉を迎えると，被害を受けた文化財の修復をすることにより，平和への足掛りをつかむことができます。ユネスコは，文化遺産年のテーマを「和解」と「発展」とし，文化遺産の修復や町の復興が，世界の平和共存への道と位置づけて，地道な活動を展開しています。

世界遺産入門―過去から未来へのメッセージ― ユネスコとは

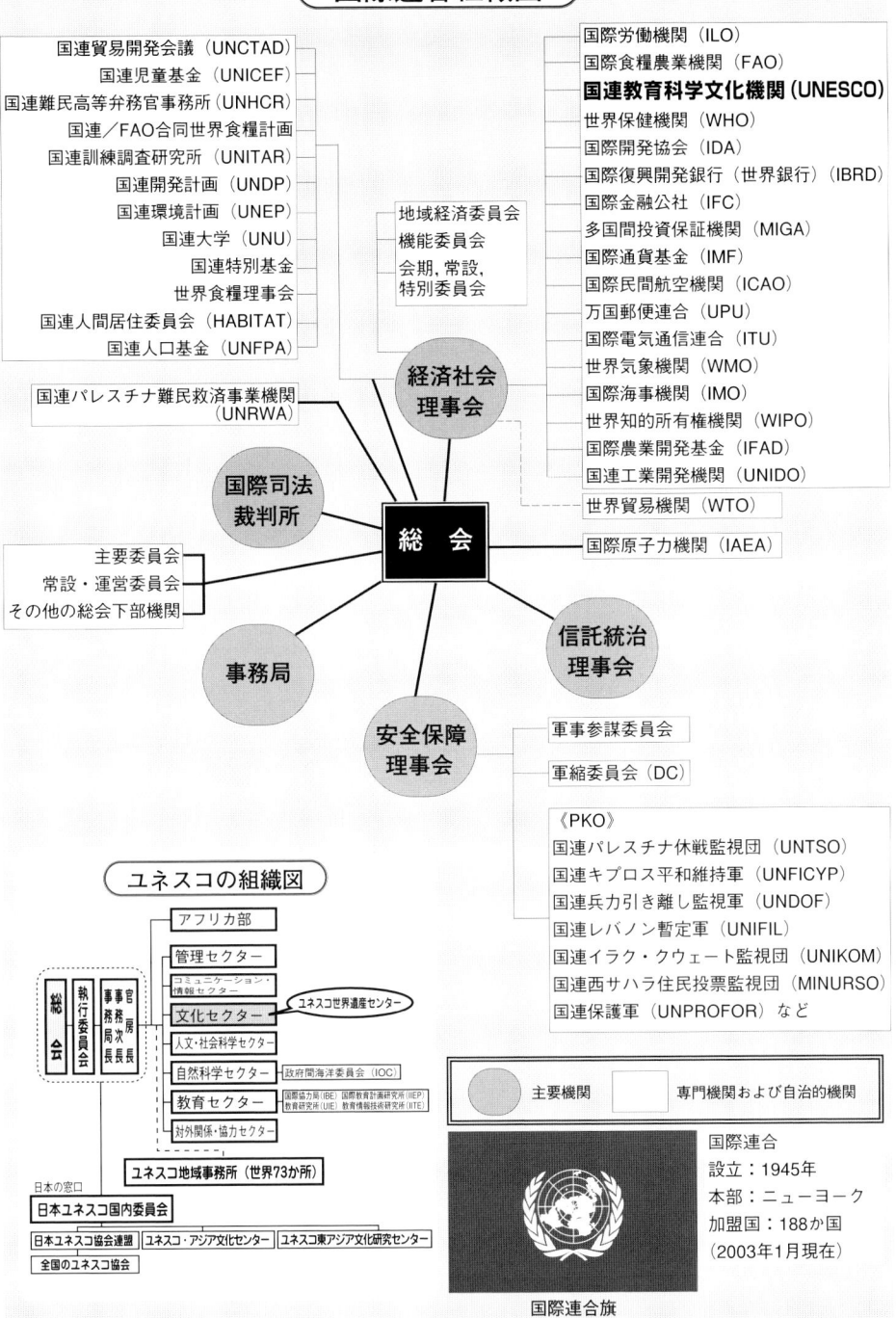

世界遺産とは

パリのセーヌ河岸
(Paris, Banks of the Seine)
文化遺産(登録基準(ⅰ)(ⅱ)(ⅳ))　1991年登録　フランス
フランスの首都パリの街を貫流するセーヌ河,
その中洲のシテ島に古代ローマ時代に城塞を築いたのがパリの街づくりの端緒で,
その両岸へと都市は発展した。(写真)ノートルダム寺院

世界遺産とは

かけがえのない人類の至宝

　地球が誕生してから46億年，人類が誕生してから500万年になります。地球は，大気，風，水，土壌と多様な遺伝子，種，生態系，景観などによって支えられている一つの生命体です。

　地球と人類が残した「世界遺産」（英語 World Heritage　仏語 Patrimoine Mondial）は，先行きが不透明で混迷する現代社会に，銀河系の太陽や星，そして，地球の衛星である月の様に普遍的な輝きを放ち，現代人の心を癒し夢を与えてくれると共に，確かな方向性と新たな価値観とを示唆してくれるようにも思えます。

　「世界遺産」は，太古から現代社会，そして，未来社会へと継承していくべき地球と人類の至宝なのです。

世界遺産とは

　世界遺産とは，人類が歴史に残した偉大な文明の証明ともいえる遺跡や文化的な価値の高い建造物，そして，この地球上から失われてはならない貴重な自然環境を保護・保全することにより，人類にとってかけがえのない共通の財産を後世に継承していくことを目的に，1972年のユネスコ総会で採択された「世界遺産条約」に基づく「世界遺産リスト」に登録されている物件のことです。

世界遺産の考え方が生まれたきっかけ

　この世界遺産の考え方が生まれたのは，1960年代におこったエジプトのナイル川におけるアスワン・ハイ・ダムの建設計画でした。ダム建設により水没の危機にさらされたアブ・シンベル神殿やフィラエ島のイシス神殿などのヌビア遺跡群を救済するために，ユネスコが「ヌビア水没遺跡救済キャンペーン」を呼びかけ，技術援助，経済援助，考古学的調査の協力要請をしたことにはじまります。

　この呼びかけに対して，世界60か国以上の国々が参加し，文化財を保護，救済する本格的なプロジェクトがスタートしたのでした。

　アブ・シンベル神殿は，1000個以上のブロックに切断され，当時の最新技術を結集して移築されました。移築された遺跡は，18の神殿や3つの聖堂などに及びました。多くが近くの場所に移築されましたが，スペインやアメリカなどの公園や美術館などに分解・移築されたものもあります。

　このことがきっかけになり，人類にとってかけがえのない遺産を，共通の財産として後世に継承していこうという考えが生まれたのでした。

　また，同時期に国連環境会議などを中心にした自然遺産保護運動の気運が高まったことも世界遺産条約採択の契機になりました。

自然と文化

　長い間，「自然」と「文化」は，互いに対立関係にあるものとして考えられてきました。しかし，「文化」は，そこに生活してきた民族の自然環境の中で培われたものですし，「自然」は，民族の数世紀にわたる歴史の跡を残していますので，「自然」と「文化」とは，補完関係にあるといえます。この「自然」と「文化」が，互いに密接な関係を保ちながら，人類共通の遺産を，国家をこえ，国際的に協力しあい，守っていくことの必要性から生まれた新たな概念が「世界遺産」の考え方なのです。

視聴覚メディアの普及

　また，最近の視聴覚メディアの目覚ましい普及も見逃すことはできません。私たちは，居ながらにして，世界中の情報を手に入れることができ，貴重な「自然」や「文化」を知ることができるようになりました。その上，以前は一部の学者や探検家だけが訪れていたような場所にさえも，気軽に旅行できる時代になってきています。

　地球が，時空を超えて，私たちの身近な存在になっているということは，私たちは，一地球人として，民族，言語，政体，宗教，文化などの違いを理解し，受け入れなくてはならない，ということにつながります。異文化を理解し，共通の財産を認知し，それを後世に伝えてゆくことは，私たちに課せられた使命なのです。

　地球が営々と築きあげてきた貴重な自然，人類の英知と人間活動の所産を様々な形で語り続ける文化，また自然と文化の両方の特質を併せもつ遺産は，どれもみな，「顕著な普遍的価値」（Outstanding Universal Value）をもつ私たちの宝物となっています。

　このような「顕著な普遍的価値」をもつ遺産を「世界遺産」と呼んでいます。

Nubian Monuments from Abu Simbel to Philae
（アブ・シンベルからフィラエまでのヌビア遺跡群）
アスワン・ハイ・ダムの建設により，水没の危機にあったヌビア遺跡群のひとつであるアブ・シンベル神殿は，国際的なキャンペーンによる救済活動により，移築，復元された。
文化遺産（登録基準（ⅰ）（ⅲ）（ⅵ））　1979年　エジプト

世界遺産入門―過去から未来へのメッセージ―　世界遺産とは？

世界遺産とは

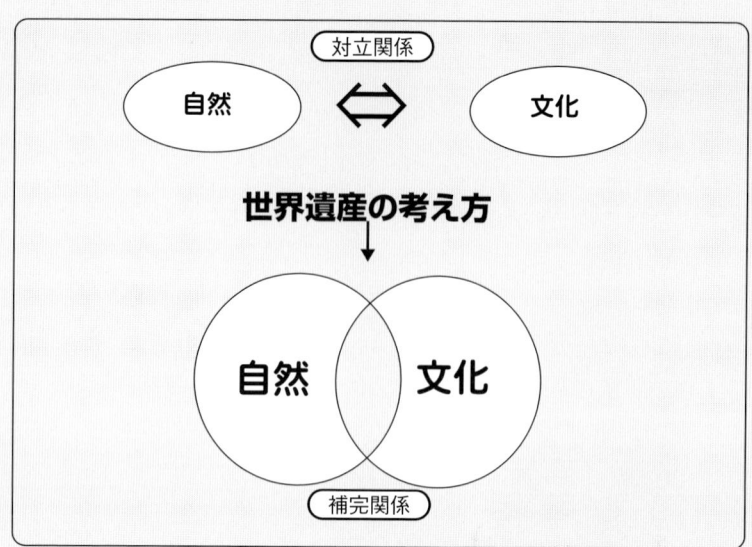

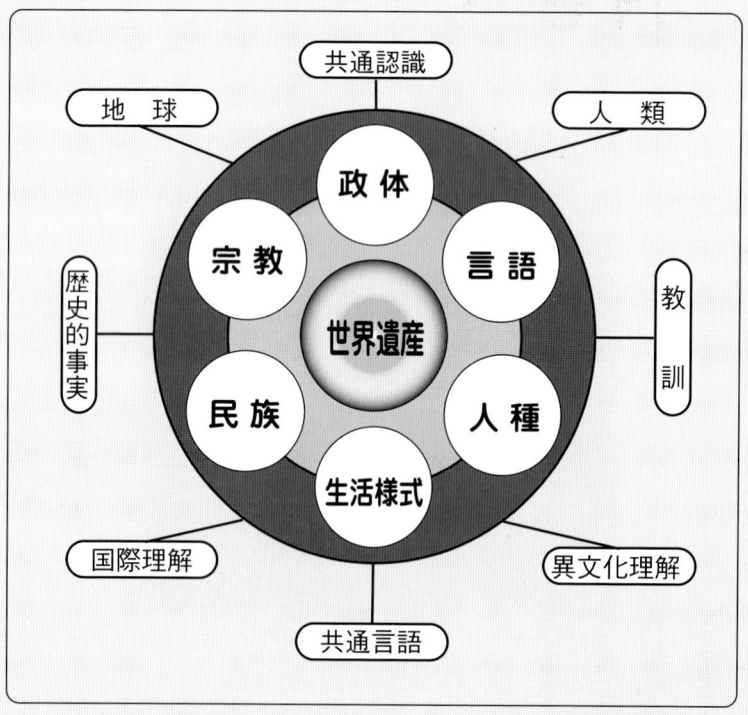

14　　　　　　　　　　　　　　　　　　　　　　シンクタンクせとうち総合研究機構　発行

世界遺産条約とは

世界遺産条約とは

　世界の貴重な自然遺産，文化遺産を保護・保全し，次世代に継承しようとの目的から，1972年に国際連合（国連）の教育科学文化機関であるユネスコの総会で世界遺産条約（The World Heritage Convention）が採択されました。

　世界遺産条約の正式な条約名は，「世界の文化遺産および自然遺産の保護に関する条約」（Convention Concerning the Protection of the World Cultural and Natural Heritage）で，1972年11月16日にユネスコのパリ本部で開催された第17回ユネスコ総会において満場一致で採択され，世界遺産条約の締約国が規定の20か国に達した1975年12月17日に発効しました。

　条約の採択を受けて，1973年にアメリカ合衆国が締約，その後，エジプト，イギリス，フランス，ドイツ，イタリア，中国などの国々が次々と条約を締約し，2003年1月現在では，世界の175か国が締約しています。

　わが国は，1992年6月19日に世界遺産条約を国会で承認，6月30日に受諾書寄託，9月30日に発効し，124か国目の締約国として仲間入りしました。

　2002年は，世界遺産条約採択から30周年の記念すべき年になりました。

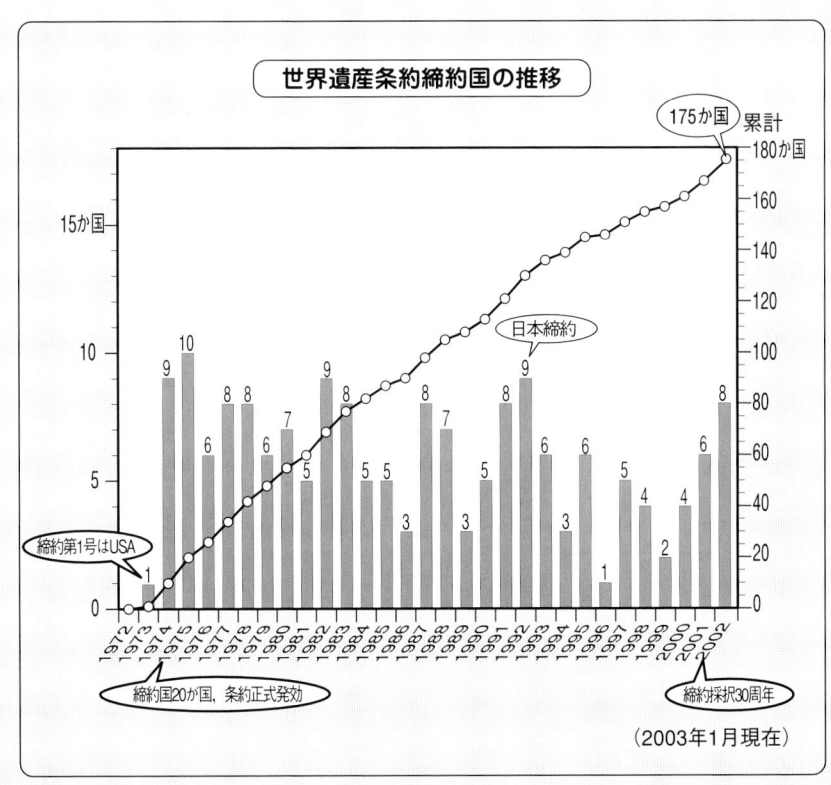

世界遺産条約の理念と目的

　世界遺産条約の理念は、「顕著な普遍的価値」（Outstanding Universal Value）を有する自然遺産および文化遺産を人類全体のための世界遺産として、損傷、破壊等の脅威から保護・保存することが重要であるという点です。そのことから、国際的な協力および援助の体制を確立することを目的としてこの条約が採択されたのです。

世界遺産条約の構成

　世界遺産条約の全文は、前文、(1)文化遺産および自然遺産の定義　(2)文化遺産および自然遺産の国内的および国際的保護　(3)世界の文化遺産および自然遺産の保護のための政府間委員会　(4)世界の文化遺産および自然遺産の保護のための基金　(5)国際的援助の条件および態様　(6)教育事業計画　(7)報告　(8)最終条項の8章から構成されています。
　世界遺産条約は、英語、スペイン語、フランス語、ロシア語、およびアラビア語で作成されています。

世界遺産条約の主要規定

　世界遺産条約では、まず、保護の対象は、遺跡、建造物群、記念工作物、自然の地域等で普遍的価値を有するものとしています（第1～3条）。
　世界遺産の締約国（State Parties）は、自国内に存在する世界遺産を保護・保存する義務を認識し、最善を尽くし（第4条）、また、他国内に存在する世界遺産についても、保護に協力することが国際社会全体の義務であることを認識すること（第6条）を義務づけています。
　また、締約国がこの条約を適用するために自国がとった立法措置、行政措置などや、情報を提供し、それを世界遺産委員会に報告する義務（第29条）、また、自国民が世界遺産を評価し尊重することを強化する為の教育・広報活動に務めること（第27条）などの責務があります。
　また、世界遺産の締約国から21か国を選出し、「世界遺産委員会」を構成することを規定しています（第8条）。世界遺産委員会は、各締約国が推薦する候補物件を審査し、その結果に基づいて「世界遺産リスト」を作成、また、様々な事由で、極度な危機にさらされ緊急の救済措置が必要とされる物件は「危機にさらされている世界遺産リスト」を作成すること（第11条）も明記されています（第11条）。世界遺産委員会は、締約国からの要請に基づき、「世界遺産リスト」に登録された物件の保護のための国際的援助の供与を決定します。同委員会の決定は、出席しかつ投票する委員国の2／3以上の多数による議決で行う（第13条）などの規定があります。
　世界遺産委員会が供与する国際的援助は、調査・研究、専門家派遣、研修、機材供与、資金協力等の形をとります（第22条）。
　また、締約国の分担金（ユネスコ分担金の1%を超えない額（わが国の場合、2001年は598,804米ドル）および任意拠出金、その他の寄付金等を財源とする、世界遺産のための「世界遺産基金」を設立することを義務づけています（第15条、第16条）。世界遺産条約が有効に機能している最大の理由は、この「世界遺産基金」を義務づけている点にあります。

世界遺産条約履行の為の作業指針

　ユネスコの世界遺産に関する基本的な考え方は，世界遺産条約にすべて反映されていますが，世界遺産委員会の運営ルールについては，別途，世界遺産条約履行の為の作業指針のガイドラインが設けられており，世界遺産条約はそれに基づいて履行されます。

　1977年に世界遺産委員会によって原文が作成され，その後，文化的景観など新しい概念の導入が図られるなど，頻繁に改訂が重ねられています。

Convention concerning the protection
of the world cultural and natural heritage

adopted by the General Conference at its seventeenth session
Paris, 16 November 1972

Convención sobre la protección
del patrimonio mundial, cultural y natural

aprobada por la Conferencia General en su decimoséptima reunión
París, 16 de noviembre de 1972

Convention concernant la protection
du patrimoine mondial, culturel et naturel

adoptée par la Conférence générale à sa dix-septième session
Paris, 16 novembre 1972

Конвенция об охране всемирного
культурного и природного наследия

принятая Генеральной конференцией на семнадцатой сессии,
Париж, 16 ноября 1972 г.

اتفاقية لحماية التراث العالمي الثقافي والطبيعي

أقرها المؤتمر العام في دورته السابعة عشرة
باريس، ١٦ نوفمبر/تشرين الثاني ١٩٧٢

世界遺産条約は，第30条の規定により，
英語，スペイン語，フランス語，ロシア語，および，アラビア語
によって作成されています。

Convention Concerning the Protection of the World Cultural and Natural Heritage 原文

The General Conference of the United Nations Education, Scientific and Cultural Organization meeting in Paris from 17 October to 21 November 1972, at its seventeenth session,

Noting that the cultural heritage and the natural heritage are increasingly threatened with destruction not only by the traditional causes of decay, but also by changing social and economic conditions which aggravate the situation with even more formidable phenomena of damage or destruction,

Considering that deterioration or disappearance of any item of the cultural or natural heritage constitutes a harmful impoverishment of the heritage of all the nations of the world,

Considering that protection of this heritage at the national level often remains incomplete because of the scale of the resources which it requires and of the insufficient economic, scientific, and technological resources of the country where the property to be protected is situated,

Recalling that the Constitution of the Organization provides that it will maintain, increase, and diffuse knowledge by assuring the conservation and protection of the world's heritage, and recommending to the nations concerned the necessary international conventions,

Considering that the existing international conventions, recommendations and resolutions concerning cultural and natural property demonstrate the importance, for all the peoples of the world, of safeguarding this unique and irreplaceable property, to whatever people it may belong,

Considering that parts of the cultural or natural heritage are of outstanding interest and therefore need to be preserved as part of the world heritage of mankind as a whole,

Considering that in view of the magnitude and gravity of the new dangers threatening them, it is incumbent on the international community as a whole to participate in the protection of the cultural and natural heritage of outstanding universal value, by the granting of collective assistance which, although not taking the place of action by the State concerned, will serve as an efficient complement thereto,

Considering that it is essential for this purpose to adopt new provisions in the form of a convention establishing an effective system of collective protection of the cultural and natural heritage of outstanding universal value, organized on a permanent basis and in accordance with modern scientific methods,

Having decided, at its sixteenth session, that this question should be made the subject of an international convention,

Adopts this sixteenth day of November 1972 this Convention.

世界の文化遺産及び自然遺産の保護に関する条約
（世界遺産条約）　　　和訳

　国際連合教育科学文化機関（以下　ユネスコ）の総会は，
1972年10月17日から11月21日までパリにおいてその第17回会期として会合し，

　文化遺産及び自然遺産が，衰亡という在来の原因によるのみでなく，一層深刻な損傷，または，破壊という現象を伴って事態を悪化させている社会的及び経済的状況の変化によっても，ますます破壊の脅威にさらされていることに留意し，

　文化遺産及び自然遺産のいずれの物件が損壊し，または，滅失することも，世界のすべての国民の遺産の憂うべき貧困化を意味することを考慮し，

　これらの遺産の国内的保護に多額の資金を必要とするため，並びに，保護の対象となる物件の存在する国の有する経済的，学術的及び技術的な能力が十分でないため，国内的保護が不完全なものになりがちであることを考慮し，

　ユネスコ憲章が，同機関が世界の遺産の保存及び保護を確保し，かつ，関係諸国民に対して必要な国際条約を勧告することにより，知識を維持し，増進し，及び，普及することを規定していることを想起し，

　文化財及び自然の財に関する現存の国際条約，国際的な勧告及び国際的な決議がこの無類の及びかけがえのない物件（いずれの国民に属するものであるかを問わない）を保護することが世界のすべての国民のために重要であることを明らかにしていることを考慮し，

　文化遺産及び自然遺産の中には，特別の重要性を有しており，従って，人類全体のための世界の遺産の一部として保存する必要があるものがあることを考慮し，

　このような文化遺産及び自然遺産を脅かす新たな危険の大きさ及び重大さに鑑み，当該国がとる措置の代わりにはならないまでも有効な補足的手段となる集団的な援助を供与することによって，顕著な普遍的価値を有する文化遺産及び自然遺産の保護に参加することが，国際社会全体の任務であることを考慮し，

　このため，顕著な普遍的価値を有する文化遺産及び自然遺産を集団で保護するための効果的な体制であって，常設的に，かつ，現代の科学的方法により組織されたものを確立する新たな措置を，条約の形式で採択することが重要であることを考慮し，

　総会の第16回会期においてこの問題が国際条約の対象となるべきことを決定して，この条約を1972年11月16日に採択する。

世界遺産の種類

ユネスコの世界遺産は，自然遺産，文化遺産，複合遺産の3種類に分類されます。

自然遺産

自然遺産とは，無生物，生物の生成物，生成物群からなる特徴のある自然の地域で，鑑賞上，学術上，顕著な普遍的価値（Outstanding Universal Value）を有するもの，そして，地質学的，地形学的な形成物および脅威にさらされている動物，植物の種の生息地，自生地として区域が明確に定められている地域で，学術上，保存上，景観上，顕著な普遍的価値を有するものと定義することができます。

文化遺産

文化遺産とは，歴史上，芸術上，学術上，顕著な普遍的価値（Outstanding Universal Value）を有する記念物，建造物群，遺跡のことです。

遺跡（Sites）とは，自然と結合したものを含む人工の所産および考古学的遺跡を含む区域のことをいいます。

建造物群（Groups of buildings）とは，独立し，または，連続した建造物の群で，その建築様式，均質性，または，景観内の位置の為に，歴史上，芸術上，学術上，顕著な普遍的価値を有するものをいいます。

モニュメント（Monuments）とは，建築物，記念的意義を有する彫刻および絵画，考古学的な性質の物件および構造物，金石文，洞穴居ならびにこれらの物件の組合せで，歴史的，芸術上，または，学術上，顕著な普遍的価値を有するものをいいます。

文化的景観の概念の導入

また，1992年12月にアメリカ合衆国のサンタフェで開催された第16回世界遺産委員会で，「人間と自然環境との共同作品」を表わす文化的景観（Cultural Landscape）という概念が新たに加えられました。

文化的景観とは，「人間と自然環境との共同作品」とも言える景観のことです。文化遺産と自然遺産との中間的な存在で，現在は，文化遺産の分類に含められており，次の3つのカテゴリーに分類することができます。

1）庭園，公園など人間によって意図的に設計され創造されたと明らかに定義できる景観
2）棚田など農林水産業などの産業と関連した有機的に進化する景観
　で，次の2つのサブ・カテゴリーに分けられる。
　①残存する（或は化石）景観（a relict (or fossil) landscape）
　②継続中の景観（continuing landscape）
3）聖山など自然の要素が強い宗教，芸術，文化などの事象と関連する文化的景観

わが国の文化財の範疇でいえば，庭園，橋梁，渓谷，海浜，山岳などの名勝がこれに近いといえましょう。

1993年にニュージーランドの「トンガリロ国立公園」が初めて認定されました。その他，「サン・テミリオン管轄区」（フランス），「シントラの文化的景観」（ポルトガル），「フィリピンのコルディリェラ山脈の棚田」（フィリピン），「ヴィニャーレス渓谷」（キューバ）などが，その代表的な例となっています。

複合遺産

複合遺産とは，自然遺産と文化遺産の両方の要件を満たしている物件のことで，最初から複合遺産として登録される場合と，はじめに，自然遺産，あるいは文化遺産として登録され，その後，もう一方の遺産としても評価されて複合遺産となる場合があります。

世界遺産の登録基準

世界遺産には，世界遺産委員会が定める世界遺産の登録基準（クライテリア）が設けられています。自然遺産には4つの，文化遺産には6つの登録基準があり，このうちの一つ以上の基準を満たしていることが必要となります。

〔自然遺産の登録基準〕
(ⅰ) 地球の歴史上の主要な段階を示す顕著な見本であるもの。これには，生物の記録，地形の発達における 重要な地学的進行過程，或は，重要な地形的，または，自然地理的特性などが含まれる。
(ⅱ) 陸上，淡水，沿岸，及び，海洋生態系と動植物群集の進化と発達において，進行しつつある重要な生態学的，生物学的プロセスを示す顕著な見本であるもの。
(ⅲ) もっともすばらしい自然的現象，または，ひときわすぐれた自然美をもつ地域，及び，美的な重要性を含むもの。
(ⅳ) 生物多様性の本来的保全にとって，もっとも重要かつ意義深い自然生息地を含んでいるもの。これには，科学上，または，保全上の観点から，すぐれて普遍的価値をもつ絶滅の恐れのある種が存在するものを含む。

〔文化遺産の登録基準〕
(ⅰ) 人類の創造的天才の傑作を表現するもの。
(ⅱ) ある期間を通じて，または，ある文化圏において，建築，技術，記念碑的芸術，町並み計画，景観デザインの発展に関し，人類の価値の重要な交流を示すもの。
(ⅲ) 現存する，または，消滅した文化的伝統，または，文明の，唯一の，または，少なくとも稀な証拠となるもの。
(ⅳ) 人類の歴史上重要な時代を例証する，ある形式の建造物，建築物群，技術の集積，または，景観の顕著な例。
(ⅴ) 特に，回復困難な変化の影響下で損傷されやすい状態にある場合における，ある文化（または，複数の文化）を代表する伝統的集落，または，土地利用の顕著な例。
(ⅵ) 顕著な普遍的な意義を有する出来事，現存する伝統，思想，信仰，または，芸術的，文学的作品と，直接に，または，明白に関連するもの。

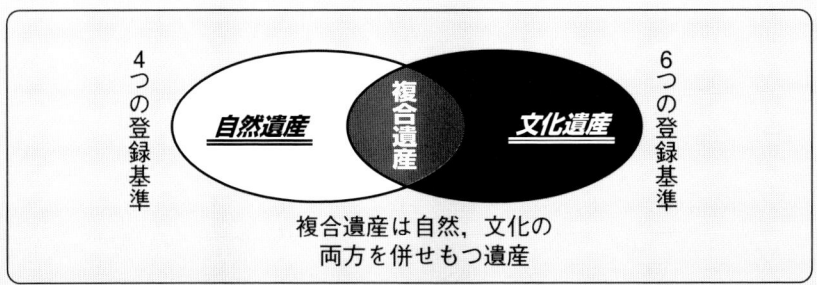

世界遺産に登録されるための要件

三つの要件

ユネスコの世界遺産に登録されるためには，第一に，世界的に顕著な普遍的価値を有することが前提になります。第二に，世界遺産委員会が定める世界遺産の登録基準（Inscription for Criteria）の1つ以上を満たしていること，第三に，世界遺産としての価値を将来にわたって継承していく為の保護・管理措置が講じられている必要があります。

顕著な普遍的価値の正当性

顕著な普遍的価値を有する物件についての正当性については，その物件が真正であるかどうか，或は，完全性が保たれているかどうかが問題になります。

オーセンティシティ（Authenticity）とは，「本物で真正であること」を意味します。世界遺産に関しては，主に，遺跡，建造物，モニュメントなどの文化遺産がもつ芸術的，歴史的な真正な価値のことをいいます。

意匠，材料，工法，環境等が元の状態を保っているかどうかが登録されるための要件の一つになります。復元されたものについては，推測を全く含まず，完璧，詳細な文書に基づいている場合にのみ認められています。

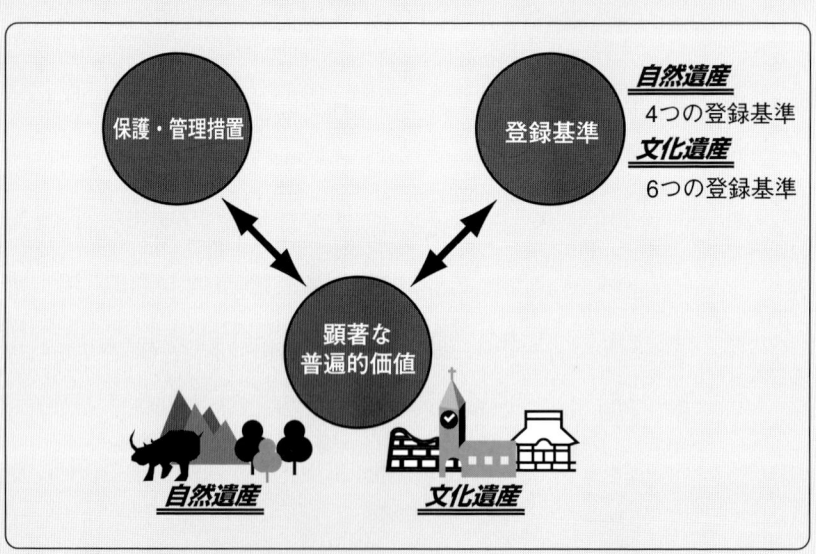

（「顕著な普遍的価値」の正当性）
- □ Criteria met（登録基準への該当）
- □ Assurances of authenticity or integrity（真正さ，或は，完全性の証明）
- □ Comparison with other similar properties（他の類似物件との比較）

（注）真正さとは，意匠，材料，工法，環境等が元の状態を保っているかどうかをいう。復元については，推測を全く含まず，完璧，詳細な文書に基づいている場合にのみ認められている。

世界遺産はどのようにして決められるのか

世界遺産条約締約国

世界遺産への登録の大前提は，世界遺産条約の締約国になることです。2003年1月現在，世界の175か国が締約しています。

世界遺産への登録手順

世界遺産締約国は，世界遺産委員会から5～10年以内に世界遺産に登録するための推薦候補物件について，暫定リスト（Tentative List）の目録を提出することが求められています。原則として締約国は，この暫定リストの中から世界遺産に推薦する物件を決定します。文化遺産の場合は，この暫定リストに掲載されている物件でないと推薦できません。

締約国の関係機関（わが国の場合は外務省）は，ユネスコ本部にある世界遺産センターに，世界遺産リストへの登録を希望する物件を推薦します。推薦書類は，推薦物件の地図および図面，写真資料，補足資料，法的情報，文献資料など膨大なものになります。

世界遺産リストへの登録は，世界遺産委員会の前に開催される世界遺産委員会ビューロー会議での事前審査を経て，世界遺産委員会で審議・決定されます。

世界遺産委員会

世界遺産委員会（The World Heritage Committee）は，通常2年に1回開催される世界遺産条約締約国の総会で選任された21か国の委員国で構成されています。

世界遺産委員会は，毎年1回，6月に開催されます。その前に準備会合としてのビューロー会議（The Bureau of the World Heritage Committee 世界遺産委員会で選任された7か国で構成）が4月に開催されます。以前は，世界遺産委員会は毎年12月に，ビューロー会議は年2回，6月と11月に開催されてきましたが，2002年6月の第26回世界遺産委員会ブダペスト会議から変更になりました。

世界遺産委員会は，各締約国から提出された推薦物件に基づいて，新たに世界遺産リストに登録すべき物件や危機にさらされている世界遺産リストに登録すべき物件の決定，次年度の世界遺産基金の予算の決定，既に世界遺産リストに登録されている物件の保全状態の監視，世界遺産保護の為の締約国からの国際的援助の要求の審査，方針の決定などを行います。同委員会の決定は，出席し，かつ，投票する委員国の3分の2以上の多数決で行われます。

また，世界遺産委員会が供与する国際的援助は，調査・研究，専門家派遣，研修，機材供与，資金協力などの形をとっています。

世界遺産委員会は，21か国の委員国で構成されており，任期は6年，2年毎に3分の1が交代します。2003年1月現在の世界遺産委員会の委員国は，

○ギリシャ，ジンバブエ，フィンランド，◎ハンガリー，○メキシコ，韓国，タイ
（任期　第32回ユネスコ総会の会期終了＜2003年11月頃＞まで）
△ベルギー，○中国，コロンビア，○エジプト，ポルトガル，○南アフリカ
（任期　第33回ユネスコ総会の会期終了＜2005年11月頃＞まで）
アルゼンチン，インド，レバノン，ナイジェリア，オマーン，ロシア，セントルシア，イギリス
（任期　第34回ユネスコ総会の会期終了＜2007年11月頃＞まで）

◎：議長国，○：副議長国，△：ラポルトゥール（書記国）（任期 第27回世界遺産委員会蘇州会議の会期前＜2003年6月頃＞まで）

2002年6月に開催された第26回世界遺産委員会では，議長国は，ハンガリーが，報告者（ラポルトゥール）は，ベルギーが，副議長国は，ギリシャ，メキシコ，中国，エジプト，南アフリカの5か国が務めました。

わが国は、現在は委員国ではありませんが、1999年まで委員国を務めました。1998年には、議長国として第22回世界遺産会議を京都で開催しています。因みに、その年には「古都奈良の文化財」が、わが国9件目の世界遺産として登録されました。

第1回目の世界遺産委員会は、1977年6月にフランスのパリで開催され、2002年6月のハンガリーのブダペストでの第26回世界遺産委員会まで、通算26回の委員会が開催されています。第26回世界遺産委員会は、前述したように、開催サイクルが変更になったため、2002年6月にハンガリーのブダペストにて開催され、以後毎年6月に開催される予定です。2003年6月は、中国の蘇州で第27回世界遺産委員会が開催されます。

この委員会では、毎年新たな物件が世界遺産リストに登録され、その数は年によって異なっています。これまでに最も多かったのが第24回の61物件、最も少なかったのは第13回の7物件です。

専門機関による厳格な調査と事前審査

推薦書類が提出されたら、自然遺産については、専門機関である国際自然保護連合（IUCN）が、文化遺産と複合遺産については、専門機関であるイコモス（ICOMOS）が、科学者、建築や都市計画などの専門家を現地に派遣し、厳格な現地調査を含む評価報告書を作成します。イコモスは、必要があれば、文化財の保存に関する専門的なアドバイスを、イクロム（ICCROM）から受けたりすることもあります。各機関の概要は次に述べる通りです。

この評価報告書を基に、世界遺産委員会ビューロー会議が登録基準への適合性や保護管理体制について厳しい審査を行います。

IUCN（International Union for Conservation of Nature and Natural Resources）とは、国際自然保護連合の略称で、自然、特に、生物学的多様性の保全や絶滅の危機に瀕した生物や生態系の調査、環境保全の勧告などを目的とする国際的なNGO（非政府組織）で、絶滅のおそれのある動植物の分布や生息状況を初めて紹介した「レッド・データ・ブック」でも有名になりました。自然保護や野生生物保護の専門家の世界的なネットワークを通じて、自然遺産に推薦された物件の技術的評価や既に登録されている世界遺産の保全状況を世界遺産委員会に報告しています。1948年に設立され、現在、79か国、112政府機関、760の民間団体、それに181か国の10,000人に及ぶ科学者や専門家などがユニークなグローバル・パートナーシップを構成しています。本部は、スイスのグランにあります。わが国の場合、外務省、環境省、㈶日本自然保護協会、㈶日本環境協会、㈶海中公園センター、経団連、㈶国立公園協会、熱帯林行動ネットワーク、雁を保護する会、沖縄大学地域研究所、㈶自然環境研究センター、㈶世界自然保護基金日本委員会、㈶日本野鳥の会などが加盟しています。

イコモス（ICOMOS）（International Council of Monuments and Sites）とは、国際記念物遺跡会議の略称で、人類の遺跡や建造物などの歴史的資産の保存・修復を目的として、1964年のヴェニスでの記念物遺跡保存・修復憲章（Charter for the Conservation and Restoration of Monuments and Sites）の採択を受けて1965年に設立された国際的なNGOです。大学、研究所、行政機関、コンサルタント会社に籍を置く107か国、約6600人の建築、都市計画、考古学、歴史、芸術、行政、技術などの専門家のワールド・ワイドなネットワークを通じて活動しています。またイコモスは、必要があれば、ICCROM（文化財保存修復研究国際センター）の助言を受けながら、文化遺産に推薦された物件の専門的評価や既に世界遺産に登録されている物件の保全状況等を世界遺産委員会に報告しています。本部はパリにあります。

イクロム（ICCROM）（International Centre for the Study of the Preservation and Restoration of Cultural Property）とは、文化財の保存および修復の研究のための文化財保存修復研究国際センターのことです。ユネスコの世界遺産リストに登録された地域の有形文化財をはじめ、無形文化財を含むあらゆる文化遺産の保存に関する専門的なアドバイス、修復作業の水準向上の為の

調査研究，研修，技術者の養成，関係機関や専門家との協力，各種ワークショップの組成，メディアでのキャンペーンなどを担う加盟国100か国，世界の先導的な保存機関からの101の準会員からなる国際組織です。1956年のニュー・デリーでの第9回ユネスコ総会では，文化遺産の保護と保存についての関心が高まり，国際的な機関を創立することが決められ，1959年にローマに設立されました。通称，ローマセンターと呼ばれています。わが国は，1967年にICCROMに加盟し，独立行政法人文化財研究所の奈良文化財研究所（Nara National Research Institute for Cultural Properties）が準会員になっています。

世界遺産委員会ビューロー会議の役割

各締約国から推薦された物件は，すべて世界遺産委員会に推薦される訳ではなく，事前の世界遺産委員会ビューロー会議で，IUCNやICOMOSの評価報告書に基づいて，登録基準への適合性，現在そして登録後の保護管理体制についても厳しい審査が行われています。

世界遺産としてふさわしい物件，世界遺産としてはふさわしくない物件，再考すべき物件などの選別が行われます。世界遺産としてふさわしい物件でも，登録条件が付されたり，改善へのアドバイスがなされ，これらへの対応措置を求められることがあります。そのような物件は，推薦書式を再度整えて，再審査されることになります。

2002年の第26回世界遺産委員会ブダペスト会議では，文化遺産9物件が登録されましたが，締約国からノミネートされた16物件（自然遺産　3物件，文化遺産　12物件，複合遺産　1物件）が事前審査の対象になりました。従って，7物件が，顕著な普遍的価値の欠如，登録基準への不適合，保護管理体制の不備などの理由によって，世界遺産委員会ビューロー会議から世界遺産委員会に推薦されなかったことになります。

世界遺産リスト

世界遺産委員会で世界遺産としてふさわしい物件だと認められ，決定すると，世界遺産リストに登録されることになります。世界遺産リスト（英語 World Heritage List　仏語 la Liste du patrimoine mondial）とは，ユネスコの世界遺産委員会が顕著な普遍的価値（Outstanding Universal Value）があると認め登録した物件の一覧表のことで，英語とフランス語で，表記されています。

このように，世界遺産への登録は，国内での政府推薦までの諸手続き，ユネスコ事務局世界遺産センターへの推薦書類の提出，その後のIUCNやICOMOSなどの調査と評価，世界遺産委員会ビューロー会議での事前審査，世界遺産委員会での審議・決定のプロセスを経て世界遺産リストに登録されるまで，長い時間と地道な作業を伴います。

世界遺産認定書

世界遺産リストに登録されると同時に，世界遺産登録の証として「世界遺産認定書」が，ユネスコから当該国の政府に贈られます。

わが国では，その複製を作成し，登録各地域に贈っています。「認定書」は，地元の住民や訪れる観光客に，世界遺産の意義を知らせるために役立っています。

世界遺産入門―過去から未来へのメッセージ― 世界遺産とは？

世界遺産とは

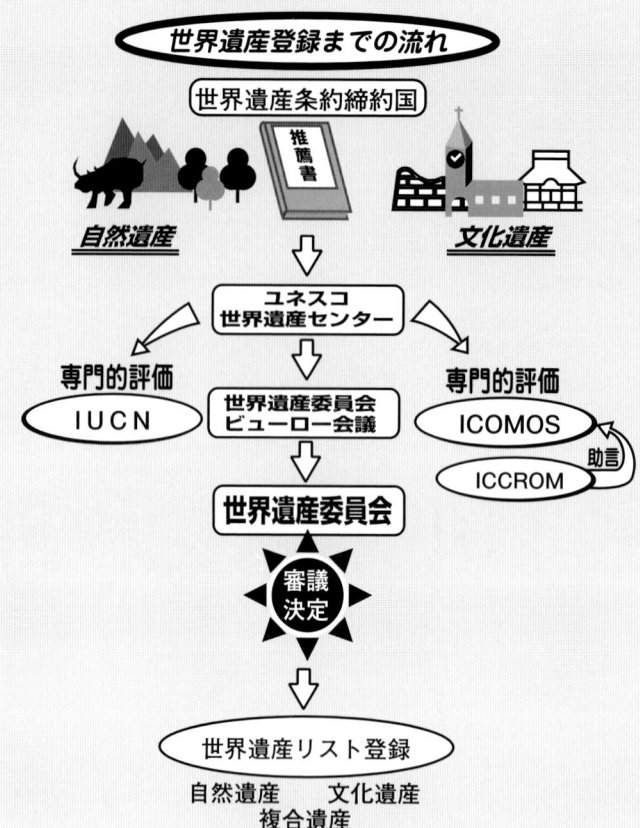

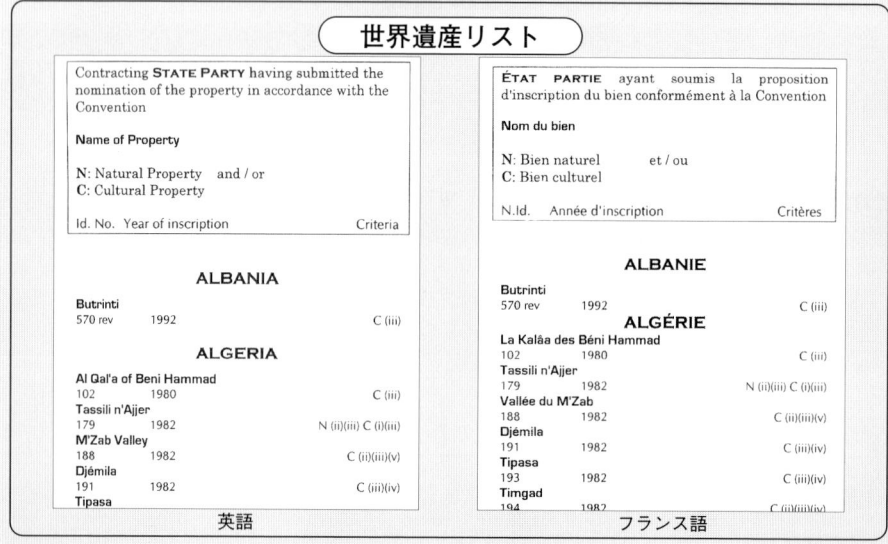

26　　シンクタンクせとうち総合研究機構　発行

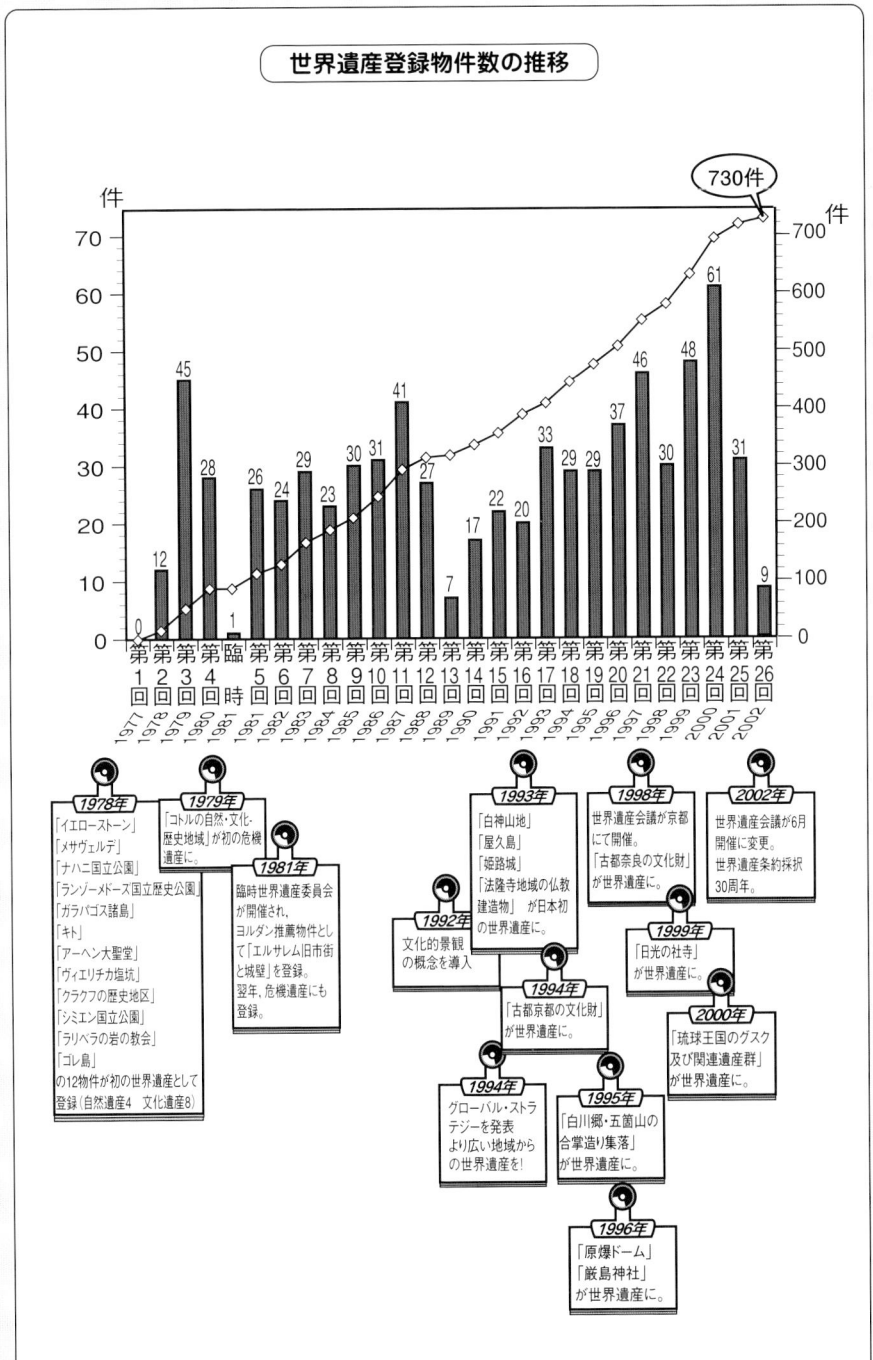

世界遺産入門―過去から未来へのメッセージ― 世界遺産とは？

世界遺産委員会のこれまでの開催国

第19回 ドイツ

第25回 フィンランド

第1回,第4回,第6回,第9回,第10回,第11回,第13回 フランス

第26回 ハンガリー

第7回,第21回 イタリア

第22回 日本

第27回 中国

第23回 モロッコ

第15回 チュニジア

第18回 タイ

第3回 エジプト

第5回,第24回 オーストラリア

ヘルシンキ、ベルリン、ブダペスト、パリ、フィレンツェ、ナポリ、カルタゴ、マラケシュ、ルクソール、蘇州、京都、プーケット、ケアンズ、シドニー

□ 世界遺産条約締約国（175か国）
■ 世界遺産委員会開催国
■ 世界遺産委員会開催都市

世界遺産とは

28　シンクタンクせとうち総合研究機構　発行

世界遺産入門―過去から未来へのメッセージ― 世界遺産とは？

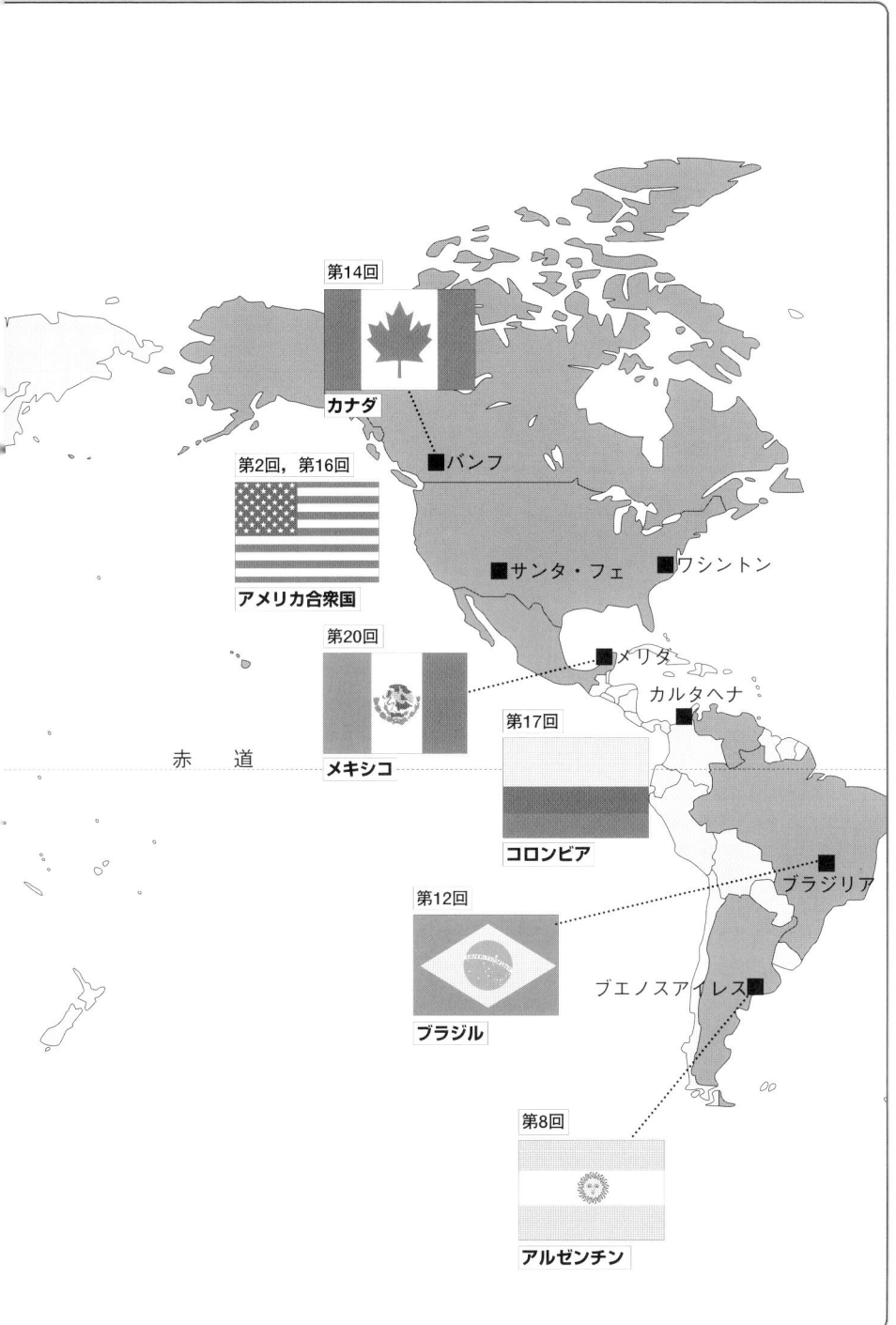

世界遺産とは

シンクタンクせとうち総合研究機構　発行

29

世界遺産入門―過去から未来へのメッセージ― 世界遺産とは？

世界遺産分布図

北極海

大西洋　インド洋

世界遺産の数

- ○ 自然遺産　144物件
- ● 文化遺産　563物件
- ◎ 複合遺産　23物件
- 合計　　　730物件

（2003年1月1日現在）

地域別世界遺産の数

- ラテンアメリカ・カリブ海地域　24か国　104物件
- アフリカ　23か国　57物件
- アラブ諸国　12か国　55物件
- アジア・太平洋　22か国　140物件
- ヨーロッパ・北米　44か国　374物件
- 125か国　730物件

（2003年1月現在）

シンクタンクせとうち総合研究機構

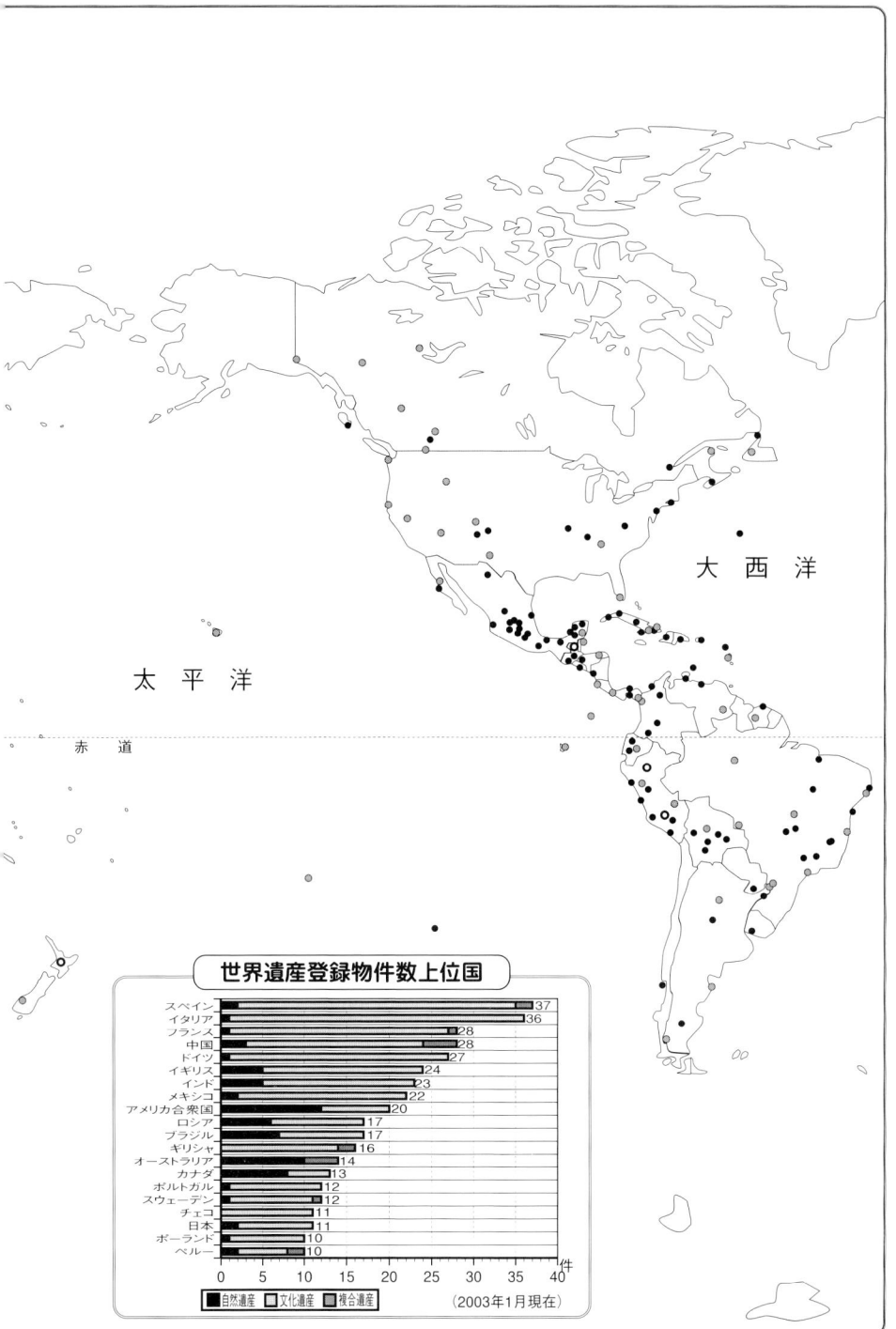

自　然　遺　産

Serengeti National Park（セレンゲティ国立公園）
キリマンジャロの麓に広がる面積14763km²のサバンナ地帯。
セレンゲティ平原を象徴するヌーの季節的大移動は壮観。
自然遺産（登録基準（ⅲ）（ⅳ））　1981年　タンザニア

Jungfrau-Aletsch-Bietschhorn
（ユングフラウ・アレッチ・ビエッチホルン）
アルプスを代表する氷河地帯。20年にも及ぶ世界遺産化運動がようやく実り，スイス側が登録された。今後，他国への登録延長が期待される。
自然遺産（登録基準（ⅰ）（ⅱ）（ⅲ））　2001年　スイス
（写真）西ユーラシアで最大・最長のアレッチ氷河

世界遺産入門―過去から未来へのメッセージ― 世界遺産とは？

Jiuzhaigou Valley Scenic and Historic Interest Area
（九寨溝の自然景観および歴史地区）
100以上の澄みきった神秘的な湖沼は，瀑布や広大な森林と共に美しい自然景観を誇る。ジャイアントパンダやゴールデンモンキーなどの稀少動物の生息地域としても有名。
自然遺産(登録基準(ⅲ))　　1992年　中国

Sagarmatha National Park（サガルマータ国立公園）
世界最高峰のエベレスト（ネパール語でサガルマータ，中国名チョモランマ）など7000～8000m級の山岳地帯を含む世界の屋根。
自然遺産(登録基準(ⅲ))　　1979年　ネパール

シンクタンクせとうち総合研究機構　発行

自 然 遺 産

Ha Long Bay（ハー・ロン湾）
ヴェトナム北部，中国との国境近くにあり，その絶景は「海の桂林」と称されている。
自然遺産(登録基準(i)(iii))　　1994年／2000年
ヴェトナム

Great Barrier Reef（グレート・バリア・リーフ）
クィーンズランド州の東岸，長さ2000km，面積35万km²，600の島がある世界最大のサンゴ礁。
自然遺産(登録基準(i)(ii)(iii)(iv))　　1981年
オーストラリア

世界遺産入門―過去から未来へのメッセージ― 世界遺産とは？

Canadian Rocky Mountain Parks
（カナディアン・ロッキー山脈公園）
南北に2000kmも走るロッキー山脈のカナダ部分で、バンフ、ヨーホー、ジャスパー、クートネイの四大国立公園はじめ州立公園、自然保護区などを擁す。
自然遺産（登録基準（ⅰ）（ⅱ）（ⅲ））　　1984年　カナダ

Canaima National Park（カナイマ国立公園）
ギアナ高地の世界屈指の秘境。テーブル・マウンティンから流れ落ちるアンヘルの滝は落差979mもある。
自然遺産（登録基準（ⅰ）（ⅱ）（ⅲ）（ⅳ））　　1994年
ヴェネズエラ

文 化 遺 産

Memphis and its Necropolis／the Pyramid Fields from Giza to Dahshur
（メンフィスとそのネクロポリス／
ギザからダハシュールまでのピラミッド地帯）
カフラー王のピラミッドと大スフィンクス。
文化遺産（登録基準（ⅰ）(ⅲ)(ⅵ)）　1979年　エジプト

Borobudur Temple Compounds
（ボロブドール寺院遺跡群）
8～9世紀にシャインドラ王朝が建築した大乗仏教の世界的な石造の巨大仏教遺跡で、カンボジアのアンコール、ミャンマーのパガンとともに世界三大仏教遺跡の一つ。ユネスコの遺跡救済活動により修復された代表的な例。
文化遺産（登録基準（ⅰ）(ⅱ)(ⅵ)）　1991年　インドネシア

The Great Wall (万里の長城)
東は渤海湾に臨む山海関から,西はゴビ砂漠の嘉峪関まで全長約6700kmにも及ぶ長城は,中国文明の象徴そのもの。月から肉眼で見える地球で唯一最大の建造物。
文化遺産(登録基準(i)(ii)(iii)(iv)(vi))　1987年
中国

Seokguram Grotto and Bulguksa Temple
(石窟庵と仏国寺)
仏国寺は,慶州郊外にある吐含山の麓にあり,新羅時代に栄えた仏教文化の集大成といわれる寺院。
文化遺産(登録基準(i)(iv))　1995年　韓国

世界遺産入門―過去から未来へのメッセージ― 世界遺産とは？

文 化 遺 産

世界遺産とは

Stonehenge, Avebury and Associated Sites
（ストーンヘンジ，エーブベリーおよび関連の遺跡群）
4000年以上前の先史時代の巨石遺跡。高さ6m以上の大石柱が100m近い直径の内側に祭壇を中心に4重の同心円状に広がる。その建設の目的は不明。
文化遺産（登録基準（ⅰ）（ⅱ）（ⅲ））　1986年　イギリス

Historic Centre of Florence（フィレンツェの歴史地区）
ヨーロッパの商業とルネサンスの中心都市。アルノ川沿いに広がる「花の都」フィレンツェは，町全体にルネサンス期の建造物が立ち並び，一大美術館の様相を呈している。
文化遺産（登録基準（ⅰ）（ⅱ）（ⅲ）（ⅳ）（ⅵ））　1982年　イタリア

シンクタンクせとうち総合研究機構　発行

Cologne Cathedral（ケルン大聖堂）
ライン河畔に堂々とそびえ建つ高さが157mもある巨大な二基の尖塔が象徴的な宗教建築物。1248年に着工，16世紀半ばには一時中断したが，600年を超える歳月を経て1880年に漸く完成したゴシック様式の建築物の傑作。
文化遺産（登録基準（ⅰ）（ⅱ）（ⅳ）　1996年　ドイツ

Archaeological Site of Olympia（オリンピアの考古学遺跡）
ペロポネソス半島のクロニオン丘の麓にあるギリシャの最高神ゼウス信仰の中心地。ゼウスに献納される為に開催された競技会が，古代オリンピックの発祥となった。ヘラ神殿の前では，現在もオリンピックの聖火の採火式が行われる。
**文化遺産（登録基準（ⅰ）（ⅱ）（ⅲ）（ⅳ）（ⅵ））　1989年
ギリシャ**

文化遺産

Semmering Railway（センメリング鉄道）
1848年〜1854年にかけて建設されたアルプスの切り立った岩壁や谷を縫って走る山岳鉄道。勾配がきつい山腹をS字線やオメガ線のカーブで辿ったり，二段構えの高架の石造橋を架けることによって，アルプス越えを可能にした。
文化遺産（登録基準（ⅱ）(ⅳ)）　1998年　オーストリア

Statue of Liberty（自由の女神像）
ニューヨーク港内マンハッタン島から3kmのリバティー島にある，アメリカが誇る民主主義のシンボル。全高93m。
文化遺産（登録基準（ⅰ）(ⅵ)）1984年　アメリカ合衆国

Rapa Nui National Park（ラパ・ヌイ国立公園）
ラパ・ヌイとは，現地語で「大きな島」の意。不可思議な凝灰岩の巨石像モアイ，大きな石の祭壇アウ，などは，ラパ・ヌイ文化の所産。イースター島は，孤立が故に造り得た謎と神秘に満ちたユニークな文化的景観を現在も残す。
文化遺産（登録基準（ⅰ）(ⅲ)(ⅴ)）1995年　チリ

Brasilia（ブラジリア）
1960年にリオデジャネイロからブラジル中央高原に遷都。幾何学的なデザインの国会議事堂，大統領府，大聖堂，国立劇場など，斬新な建築物は他に類を見ない。
文化遺産（登録基準（ⅰ）(ⅳ)）　1987年　ブラジル
（写真）官庁広場より議員会館。円形の建物は，建築家オスカール・ニーマイヤーが設計した上下国会議事堂。

文 化 遺 産（文化的景観）

Tokaji Wine Region Cultural Landscape
（トカイ・ワイン地方の文化的景観）
世界三大貴腐ワインの一つで有名なトカイ・ワイン。この地方の低い丘陵と川の渓谷でブドウ栽培とワイン生産の様子が絵の様に展開する。
文化遺産（登録基準（iii）(v)）　2002年　ハンガリー

Aranjuez Cultural Landscape
（アランフエスの文化的景観）
マドリッドから47kmのところにある緑豊かな街。素晴しい庭園に囲まれた美しい王宮がある。
文化遺産（登録基準（ii）(iv)）2001年　スペイン

Tongariro National Park（トンガリロ国立公園）
北島の中央部に広がる最高峰のルアペフ山（2797m）の3活火山や死火山を含む広大な795km²の公園。自然と文化との結びつきを代表する複合遺産になった先駆的物件。
複合遺産（登録基準　自然(ii)(iii)　文化(vi)）
1990年／1993年　ニュージーランド

Rice Terraces of the Philippine Cordilleras
（フィリピンのコルディリェラ山脈の棚田）
棚田を継承する後継者不足などの影響もあり、保護管理不備のため危機遺産になってしまった。
文化遺産（登録基準（iii)(iv)(v)）　1995年
★【危機遺産】2001年　フィリピン

世界遺産入門ー過去から未来へのメッセージー 世界遺産とは？

複 合 遺 産

uKhahlamba/Drakensberg Park
（オカシュランバ・ドラケンスバーグ公園）
変化に富んだ地形と雄大な自然の山岳地帯に，サン族（ブッシュマン）が描いた岩壁画が数多く残っている。
複合遺産（登録基準　自然(iii)(iv)　文化(ⅰ)(iii)）
2000年　南アフリカ

Goreme National Park and the Rock Sites of Cappadocia
（ギョレメ国立公園とカッパドキアの岩窟群）
円錐形やキノコ型の風景が印象的なカッパドキア。
複合遺産（登録基準　自然(iii)　文化(ⅰ)(iii)(ⅴ)）
1985年　トルコ

Uluru-Kata Tjuta National Park
(ウルル-カタ・ジュタ国立公園)
地球のヘソといわれる巨大な一枚岩の「エアーズ・ロック」は，高さ約400m，周囲約10kmの砂岩の岩石は，風雨によって周りの台地がけずられてできたといわれている。
複合遺産（登録基準　自然(ii)(iii)　文化(v)(vi)）
1987年／1994年　オーストラリア

Historic Sanctuary of Machu Picchu
(マチュ・ピチュの歴史保護区)
空中からしか山頂の神殿，宮殿，集落跡，段々畑などの全貌を確認出来ないため，「空中都市」とも言われている。
複合遺産（登録基準　自然(ii)(iii)　文化(i)(iii)）
1983年　ペルー

多様な世界遺産

地球の起源から現在に至るまでの歴史を刻む世界遺産

　数ページにわたって，登録された世界遺産を紹介しましたが，それらを眺めてみると，実に様々な物件があることがわかります。自然，文化，複合という分類の中でも，位置，時代，歴史的背景，生態系・・・と多様です。

　遺産のある位置でいえば，北は，北極圏に位置するノルウェーの「アルタの岩石刻画」から，南は，南緯50度に位置するアルゼンチンの「ロス・グラシアレス」まで，全地域に広がっています。

　また，時代も様々です。アメリカ合衆国の「グランド・キャニオン国立公園」や，ヴェネズエラの「カナイマ国立公園」，オーストラリアの「ウルル・カタジュタ国立公園」のように，何億年も前の地球の隆起や侵食により造り出された自然がある一方で，南アフリカの「スタークフォンテン，スワークランズ，クロムドラーイと周辺の人類化石遺跡」，北京原人の出土地である中国の「周口店の北京原人遺跡」やジャワ原人の発掘されたインドネシアの「サンギラン初期人類遺跡」など，人類の祖先の残した遺跡である物件や，文明の発祥地であるエジプトの「ピラミッド地帯」や，パキスタンの「モヘンジョダロ」，ホンジュラスの「コパンのマヤ遺跡」なども世界遺産のひとつです。新しい物件としては，ブラジルの新首都「ブラジリア」も，20世紀を代表する計画都市として登録されています。

　歴史の中での様々な遺跡として，ギリシャの「アテネのアクロポリス」や，イタリアの「ローマの歴史地区」，イランの「ペルセポリス」などの栄華を誇った都市の遺構や，繁栄を謳歌したルイ14世の絶対主義の象徴フランスの「ヴェルサイユ宮殿と庭園」，オスマン朝の首都「トルコの「イスタンブールの歴史地区」など歴史的位置づけ，背景も実に多様です。

　様々な宗教とも無縁ではありません。キリスト教，イスラム教，ユダヤ教，仏教，ヒンズー教などの建築物や聖地も数多くあります。

　歴史的人物とゆかりの深い世界遺産もあります。スペイン「バルセロナのグエル公園，グエル邸，カサ・ミラ」は，スペインカタルーニャの天才建築家アントニオ・ガウディの作品群です。また，ドイツの「クラシカル・ワイマール」の町は，ゲーテやシラーに代表されるたくさんの文人を生みだした町で，ゆかりの建物が数多く残っています。

　また，最近では，周囲の自然と人間が造り上げた景観も含めた文化的景観といった概念も取り入れられ，フランスのワインの産地である「サン・テミリオン管轄区」や，オーストリア「ザルツカンマーグート地方のハルシュタットとダッハシュタインの文化的景観」などの物件や，産業革命を代表するイギリスの「ブレナヴォンの産業景観」や，労働者の生活改善を唱えたロバート・オーウェンが創業した紡績工場のある「ニュー・ラナーク」などの産業遺産，あるいは，少数民族の文化を伝える遺産として中国のナシ族の都「麗江古城」なども登録されています。

　人類の歴史の「負」の遺産としてのポーランドの「アウシュヴィッツ強制収容所」や「広島の平和記念碑（原爆ドーム）」も，忘れてはならないものだと思います。

　評価の対象となった「顕著な普遍的価値」がどこにあるのかを見ることも重要ですが，遺産を取り巻く背景，そこに生活する人々，風俗・習慣とも決して無縁では有りえません。

世界遺産に登録されたら

世界遺産条約締約国の義務

　世界遺産条約は，世界遺産締約国に対して次のような義務を課しています。

　まず第一に，自国の領域内に存在する文化遺産及び自然遺産を認定し，保護し，保存し，整備し，及び，将来の世代へ伝えることを確保することが自国に課せられた義務であることを認識する（第4条）。

　次に，文化遺産及び自然遺産が世界の遺産であること，並びにこれらの遺産の保護について協力することが国際社会全体の義務であることを認識する（第6条）。

　さらに，締約国は，あらゆる適当な手段を用いて，特に教育及び広報事業計画を通じて，自国民が文化遺産及び自然遺産を評価し，尊重することを強化するよう努める（第27条）。
などです。

　まずは，自国内での自然遺産や文化遺産の保護・保全体制が整っていることが大前提といえます。

定期的な報告の義務

　世界遺産に登録された後も，締約国は，世界遺産に影響を及ぼす特別な事態が生じたり，工事が計画された場合には，影響調査を含む対応措置（Reactive Monitoring）について，報告書を世界遺産委員会に提出しなければなりません。

　また，締約国は，自国のとった措置を定期報告（Periodic Reporting）しなければならないほか，世界遺産の保全状況を6年毎に報告し，世界遺産委員会の審査を受ける必要があります。

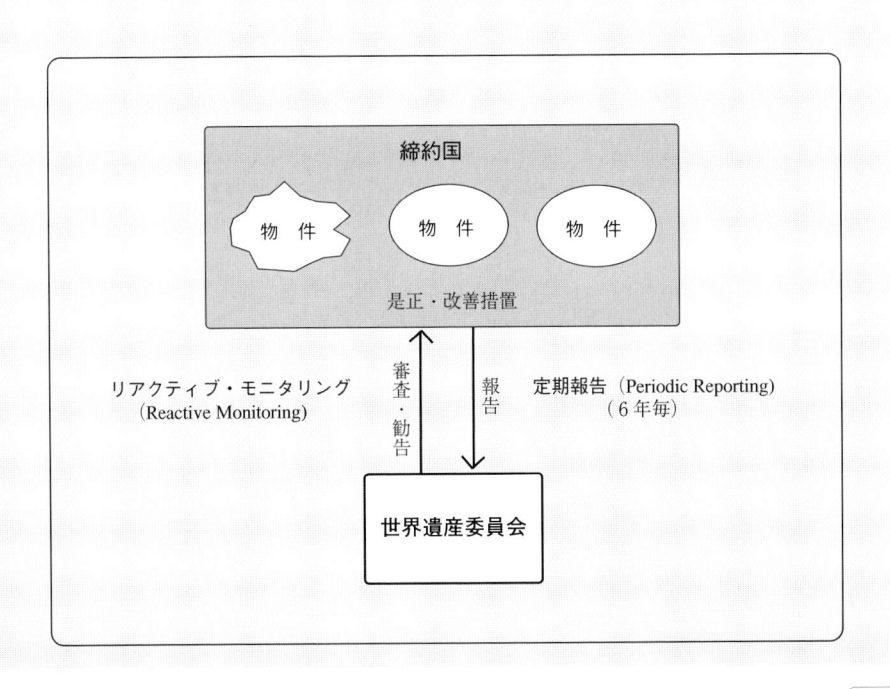

世界遺産委員会の役割

　世界遺産委員会は、新たに世界遺産リストに登録すべき物件や危機にさらされている世界遺産リストに登録すべき物件の決定するばかりでなく、既に世界遺産リストに登録されている物件の保全状態を監視し、適切な措置を講じることや、世界遺産保護の為に締約国から出された国際的援助の要求を審査したり、方針を決定したりする重要な役割も担っています。

　保全状態の監視（Monitoring）は、災害による損壊や、世界遺産の区域内、または、近隣における開発事業、武力紛争などが問題になります。

　問題が生じた世界遺産については、ユネスコ世界遺産センターやICOMOSやIUCNなどの助言機関の報告に基づき、世界遺産委員会ビューロー会議、または、世界遺産委員会が保全状況の審査を行い、必要に応じて、締約国に対する是正措置の勧告や実態を調査する為のミッションの派遣などが行われます。

　この世界遺産が、重大かつ特別な危険にさらされていて、保全の為に大規模な措置や国際援助が必要な場合には、「危機にさらされている世界遺産」（List of the World Heritage in Danger）に登録されることになります。

世界遺産に登録されたことによるメリットとデメリット

　世界遺産に登録されたからといって、直接ユネスコやその他の機関からの援助があるわけではありません。あくまでも、自国の遺産を人類共通の財産として、国内的にも恒久的に保護し、保存し、整備し、次世代に継承していくことが目的であり、課せられた義務なのです。

　自分の国の自然環境や文化財が、世界遺産として登録されるということは、世界遺産地を国内外にアピールできる絶好の機会となることも確かです。世界的な知名度は飛躍的にアップしますし、そのことにより住民が遺産に対し「誇り」を持つことなどの意識向上も見逃せません。

　逆に、遺産地を訪れる人々が多くなるために様々な問題も起こっています。生態系への影響はもちろん、人の吐く息によって遺産が損傷してしまうこともあります。また、交通渋滞や排気ガス、ごみ廃棄などによるいわゆる観光公害も新たな問題になっています。

　一方、世界遺産を継承していく為の後継者不足や修理・修復の人材不足、財源不足、技術不足、自然劣化など、世界遺産地の住民だけでは解決できない問題も数多く起こっています。

　世界遺産を保護し、保存し、整備し、次世代に継承していく為には、遺産地を訪問する人々によって得られる収入は、切っても切れない財源であることも現実です。

　世界に誇れる遺産が、多くの人々に公開されることによって、認知度や意識がより高まり、保護・保全にも好影響を及ぼすのならば、世界遺産に登録された意義は大きいでしょう。しかし、安易な観光誘致や施策によって、遺産への損傷や観光公害などの悪影響が出るのならば、一体何のための世界遺産なのか！ということになりかねません。保護と開発のはざまで、ジレンマに陥っているケースも多く見られるようです。

　世界遺産は、単に観光地のランキングを競っているものではありません。自国に課せられた重い責任を考えると、決して安易なことはできないはずです。有名になることと引き替えに、世界中から常に監視の目が向けられているのですから、かえって窮屈な思いをすることもあるのかもしれません。

　「世界遺産条約」の趣旨をしっかり心に刻み、どのような形で遺産を公開するのか、どのような方法で鑑賞するのか、自国民、地元住民、観光客共に学んでいかなくてはならない問題だと思います。

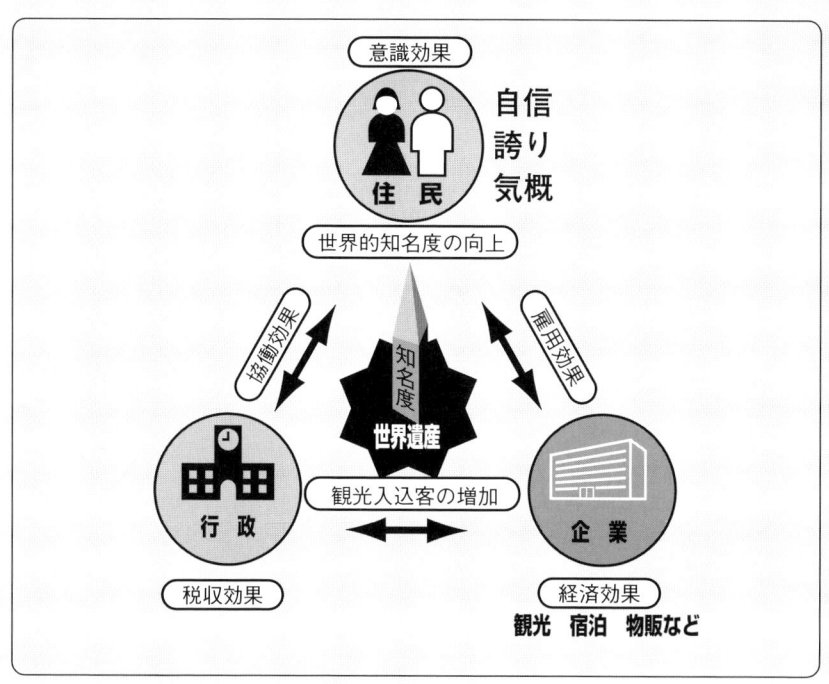

世界遺産入門―過去から未来へのメッセージ―　世界遺産とは？

世界遺産とは

意識効果
住民：自信・誇り・気概

世界的知名度の向上

- 協働効果
- 雇用効果

世界遺産（知名度）

行政 ― 観光入込客の増加 ― 企業

- 税収効果
- 経済効果（観光・宿泊・物販など）

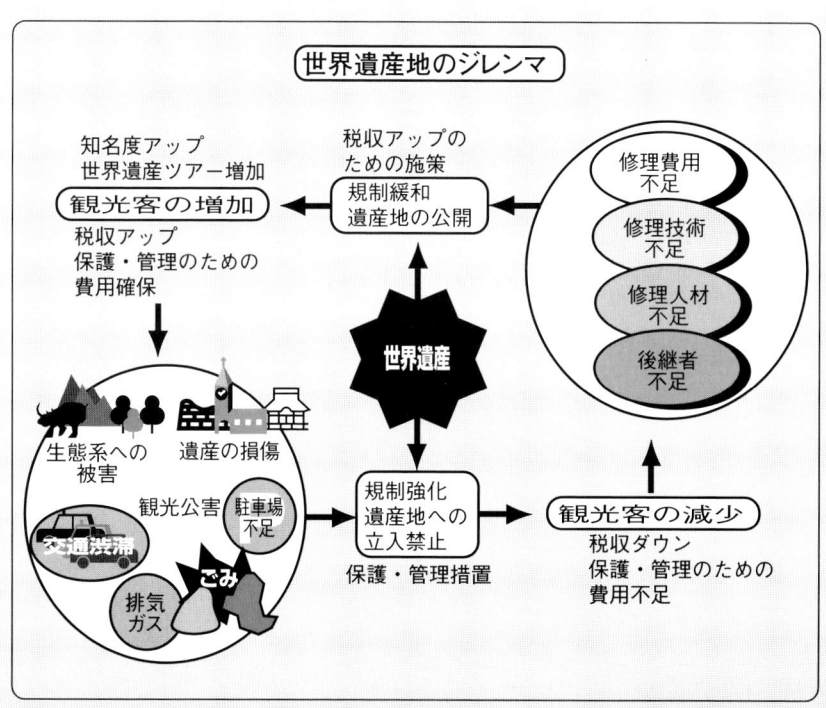

世界遺産地のジレンマ

観光客の増加
- 知名度アップ
- 世界遺産ツアー増加
- 税収アップ
- 保護・管理のための費用確保

税収アップのための施策
- 規制緩和
- 遺産地の公開

修理費用不足／修理技術不足／修理人材不足／後継者不足

世界遺産

- 生態系への被害
- 遺産の損傷
- 観光公害
- 駐車場不足
- 交通渋滞
- ごみ
- 排気ガス

規制強化・遺産地への立入禁止
保護・管理措置

観光客の減少
- 税収ダウン
- 保護・管理のための費用不足

シンクタンクせとうち総合研究機構　発行

49

世界遺産基金

世界遺産基金とは

世界遺産基金（The World Heritage Fund）とは，世界遺産の保護を目的とした基金です。世界遺産条約が有効に機能している最大の理由は，この基金を締約国に義務づけることにより世界遺産保護に関わる援助金を拠出できることにあります。

締約国は，世界遺産の保護のために国際援助を求めることができます。世界遺産委員会は，それに対して，どのような援助をするのかを審査し，決定します。

世界遺産基金の財源

世界遺産基金は，世界遺産締約国の分担金（ユネスコに対する分担金の1%を上限とする額），および，各国政府の任意拠出金，その他個人や団体からのの寄付金などを財源としています。

2002年度の予算額は，4,988,000米ドル。日本は，世界遺産基金への分担金として，締約時の1993年には，762,080米ドル（1992年／1993年分を含む），その後，1994年 395,109米ドル，1995年 443,903米ドル，1996年 563,178米ドル，1997年，571,108米ドル，1998年 641,312米ドル，1999年 677,834米ドル，2000年 680,459米ドル，2001年 598,804米ドルを拠出しており，現在，世界第1位の拠出国となっています。

その他の国では，アメリカが598,804米ドルで日本と並んで第1位の拠出国，以下，第3位 ドイツ（352,342米ドル），4位 フランス（233,207米ドル），5位 イギリス（199,674米ドル），6位 イタリア（182,662米ドル），7位 カナダ（92,270米ドル），8位 スペイン（90,855米ドル），9位 ブラジル（79,995米ドル），10位 オランダ（62,684米ドル），11位 韓国（61,976米ドル），12位 オーストラリア（58,656米ドル），13位 中国（55,253米ドル），14位 スイス（45,672米ドル），15位 ロシア連邦（43,032米ドル），16位 アルゼンチン（41,454米ドル），17位 ベルギー（40,746米ドル）の順になっています。（数字は2001年度分）

また，各国政府の自主的拠出金，団体・機関（法人）や個人からの寄付金なども貴重な財源となります。

世界遺産基金からの国際援助の種類

世界遺産委員会は，締約国からの援助の要請に対し，どのような援助を行うか審議し，決定します。援助の種類は，事前調査費用に対する援助，緊急援助，技術者研修援助，技術協力援助に分けられます。

事前調査費用（Preparatory Assistance）に対する援助は，世界遺産に推薦するための国内での準備や調査及び専門家の研修コースを含む技術援助をいいます。

例えば，トルクメニスタン北部のクフナ・ウルゲンチは，古代ホレズム王国の都として10～14世紀に栄えた町ですが，その地を世界遺産に推薦するための事前援助として，30,000米ドルが世界遺産基金から支払われました。その他，ニジェールやバーレーンなどへも同様の援助が行われています。

緊急援助（Emergency Assistance）は，大地震や洪水，火事，噴火等の不慮の事態により危機にさらされている遺産や危機にさらされている世界遺産を保護するために使われます。

2002年8月のヨーロッパにおける洪水によって被害を受けたオーストリア，チェコ，ドイツ，ハンガリーの世界遺産地への緊急援助などが挙げられます。

技術者研修（Training）は，文化財，自然遺産の保護や保全などに携わる研修コースを開催するもので，アフガニスタン，トルクメニスタン，ウズベキスタン，アルジェリアなどで，研修

が行われています。

技術協力（Technical Cooperation）は、締約国が世界遺産リストに登録された物件を保護するために行うプロジェクトの援助で、機材購入、修復・補修、専門家の派遣などが挙げられます。たとえば、コロンビアの「ロス・カティオス国立公園」に対し43,000米ドル、アルジェリアの「ムサブの渓谷」に35,000米ドル、ギニアの「ニンバ山」に30,000米ドルなどの実績が挙がっています。

多くの世界遺産が危機に直面している

次章では、「危機にさらされている世界遺産」について述べますが、現在、730件の世界遺産のうち、およそ2割にも及ぶ物件が、何らかの危機に見舞われているといわれています。自然環境の変化や開発行為などにより生態系が脅かされたり、また、地震や落雷、洪水などによる自然災害、紛争や密猟、盗掘などによる人的災害など、その理由も様々です。

世界遺産条約は、毎年新たな物件を世界遺産リストに登録していくことが究極の目的ではありません。かけがえのない私たちの遺産を守り、次世代へ継承していくことが、本来の趣旨のはずです。従って、「危機にさらされている世界遺産」や「危機的状況にある世界遺産」を救済していくことこそがその本旨だといっても過言ではありません。

そのために、この世界遺産基金の国際援助が、うまく機能するように各国がバックアップしなくてはなりません。世界遺産基金をもとに繰り広げられる国際キャンペーンなどにより、援助の必要な遺産に対して、的確で速やかな援助がなされるように話し合われています。

ユネスコの国際的な保護キャンペーン

世界遺産基金は、1年間の予算額が500万米ドルほどのものですから、遺産に対して与えられる直接の金額は微々たるものです。わが国が第一の分担金拠出国といっても、その金額は、60万米ドル、日本円にすると7,000万円程度のものなのです。

ですから、実際は、世界遺産基金によって援助の入口を開き、広く世界中に知らせる国際的な保護キャンペーンなどの具体的な行動によって、数々の脅威にさらされた遺跡や危機にさらされた種を救済するなどの成果をあげることができます。わが国の行っている政府開発援助（ODA）などが具体的な援助となっているといえましょう。因みにわが国のODAの年間予算額は、1兆8196億円（2001年度）となっています。

ユネスコの国際的な保護キャンペーンの実例としては、世界遺産の概念の生まれるきっかけとなった1964年～1968年にかけてのアブ・シンベル・プロジェクトをはじめ、1984年に危機遺産に登録されたンゴロンゴロ保全地域に対しては、財政的支援を行い、1989年に危機遺産からの解除に成功しています。その他、カンボジアのアンコール遺跡群やラオスのルアン・プラバン、ネパールのロイヤル・チトワン国立公園への支援、また、コロンビアのカルタヘナの歴史地区における建築制限など条例を制定するための協力、1965年の洪水による災害から現在まで続く地盤沈下に悩むヴェネチアへの支援や、記憶に新しいところでは、アフガニスタンのタリバーンによって破壊されたバーミヤン遺跡などへの支援、2002年8月のヨーロッパでの洪水に対する災害援助などがあります。

わが国も世界遺産条約を締約する以前から、インドネシアのボロブドール遺跡への二国間援助など、数々の遺跡救済に協力してきています。

2002年6月の第26回世界遺産委員会で「ブダペスト宣言」が採択されましたが、そこでは、ユネスコとして、世界遺産基金の充実と共に、世界銀行やわが国の国際協力銀行などとの連携を強化していく考え方を示しています。

シンクタンクせとうち総合研究機構

危機にさらされている世界遺産

危機にさらされている世界遺産

　世界遺産委員会は，大火，暴風雨，地震，津波，洪水，地滑り，噴火などの大規模災害，内戦や戦争などの武力紛争，ダムや堤防建設，道路建設，鉱山開発などの開発事業，それに，入植，狩猟，伐採，海洋汚染，大気汚染，水質汚染などの自然環境の悪化による滅失や破壊など深刻な危機にさらされ緊急の保護措置が必要とされる物件を「危機にさらされている世界遺産リスト」（List of the World Heritage in Danger）に登録することができます。

　「危機にさらされている世界遺産リスト」にも，自然遺産，文化遺産のそれぞれに登録基準が項目別に設定されており，危機が顕在化している確認危険（Ascertained Danger）と危機が潜在化している潜在危険（Potential Danger）に大別されます。

危機にさらされている世界遺産リストへの登録基準

　危機にさらされている世界遺産リスト（List of the World Heritage in Danger）への登録基準は，以下の通りで，いずれか一つに該当する場合に登録されます。

（自然遺産の場合）
1) **確認危険**　遺産が特定の確認された差し迫った危険に直面している，例えば，
    a. 法的に遺産保護が定められた根拠となった顕著で普遍的な価値をもつ種で，絶滅の危機にさらされている種やその他の種の個体数が，病気などの自然要因，或は，密猟・密漁などの人為的要因などによって著しく低下している
    b. 人間の定住，遺産の大部分が氾濫するような貯水池の建設，産業開発や，農薬や肥料の使用を含む農業の発展，大規模な公共事業，採掘，汚染，森林伐採，燃料材の採取などによって，遺産の自然美や学術的価値が重大な損壊を被っている
    c. 境界や上流地域への人間の侵入により，遺産の完全性が脅かされる
2) **潜在危険**　遺産固有の特徴に有害な影響を与えかねない脅威に直面している，例えば，
    a. 指定地域の法的な保護状態の変化
    b. 遺産内か，或は，遺産に影響が及ぶような場所における再移住計画，或は，開発事業
    c. 武力紛争の勃発，或は，その恐れ
    d. 保護管理計画が欠如しているか，不適切か，或は，十分に実施されていない

（文化遺産の場合）
1) **確認危険**　遺産が特定の確認された差し迫った危険に直面している，例えば，
    a. 材質の重大な損壊
    b. 構造，或は，装飾的な特徴の重大な損壊
    c. 建築，或は，都市計画の統一性の重大な損壊
    d. 都市，或は，地方の空間，或は，自然環境の重大な損壊
    e. 歴史的な真正性の重大な喪失
    f. 文化的な意義の大きな喪失
2) **潜在危険**　遺産固有の特徴に有害な影響を与えかねない脅威に直面している，例えば，
    a. 保護の度合いを弱めるような遺産の法的地位の変化
    b. 保護政策の欠如
    c. 地域開発計画による脅威的な影響
    d. 都市開発計画による脅威的な影響

e. 武力紛争の勃発，或は，その恐れ
  f. 地質，気象，その他の環境的な要因による漸進的変化

危機にさらされている世界遺産の数

　ユネスコの危機にさらされている世界遺産リストには，2003年1月現在，28の国と地域にわたって33物件（自然遺産18物件，文化遺産15物件）が登録されています。地域別に見ると，アフリカが13物件，アラブ諸国が6物件，アジア・太平洋地域が6物件，ヨーロッパ・北米が5物件，南米・カリブ海地域が3物件となっています。

　自然遺産の割合が高いことと，アフリカの物件の多さが目につきます。特に，コンゴ民主共和国は，世界遺産に登録されている5物件すべてが危機遺産という不名誉な状況にあります。

　それらの物件を危機遺産に登録された順に列記すると，63頁のようになります。（位置図は64～65頁参照）

　危機遺産になった理由としては，地震などの天災によるもの，民族紛争などの人災によるものなど多様です。危機から回避していく為には，戦争や紛争のない平和な社会を築いていかなければならないこと，そして，開発と保全のあり方も地球環境保護の視点から見つめ直していかなければなりません。

危機遺産リストからの解除

　危機遺産になっても，その後，保護管理の改善措置が講じられ救われた場合には，危機遺産リストから解除されることになります。例えば，クロアチアの「ドブロブニク旧市街」は，1991年に勃発した内戦により深刻な打撃を受けました。同じく「プリトビチェ湖群国立公園」も，この内戦による公園管理の不足が予想される潜在的危機が懸念されたため，すぐに危機遺産に登録されました。内戦終結後，クロアチア政府は，ユネスコの技術的，財政的援助を受け，国立公園内の管理安定やドブロブニク旧市街の修復に取り組み，「プリトビチェ湖群国立公園」は1997年に，「ドブロブニク旧市街」も1998年に危機遺産リストから解除することに成功しました。

　その他，危機遺産リストから解除された物件は，「ンゴロンゴロ保全地域」（タンザニア・管理不足／1979年危機遺産登録→1989年解除），「ヴィエリチカ塩坑」（ポーランド・結露／1989年危機遺産登録→1998年解除），「イグアス国立公園」（ブラジル・道路建設など／1999年危機遺産登録→2001年解除）があります。

　一方，一旦解除されながら，再び危機遺産リストに登録された物件もあります。セネガルの「ジュジ国立鳥類保護区」は，1984年ダム建設に伴う脅威から危機遺産に登録されましたが，その後，隣国モーリタニア側との国立公園計画などの改善措置により，1988年にリストから解除されました。しかし今度は，水生植物であるオオサンショウモの繁茂による危機により，2000年に再び危機遺産リストに登録されたのです。また，コンゴ民主共和国の「ガランバ国立公園」は，稀少種のキタシロサイの激減により1984年危機遺産に登録。その後生息数の増加がみられたので，1992年に解除されましたが，密猟や内戦の影響で公園内でのキタシロサイ殺害報告を受け，1996年再度危機遺産にリストアップされました。2003年1月現在，この2物件は，未だ危機遺産に登録されたままです。

世界遺産リストからの削除

　危機遺産に登録されても，その後何の保護管理措置も講じられず改善の見込みがない場合には，世界遺産リストそのものから削除されないとも限りません。幸いにして，これまでにこのような事例はありませんが，今後は，これらの物件を保護・保全し，救済，修復していくことが大切になってくるでしょう。

シンクタンクせとうち総合研究機構　発行

Plitvice Lakes National Park（プリトヴィチェ湖群国立公園）
内戦の影響での「潜在的な危機」により1991年に危機遺産登録されたが，内戦終了後，地域の安定と共に，1997年に危機遺産リストから削除された。
自然遺産（登録基準（ii）(iii)）1979年／2000年
クロアチア

Old City of Dubrovnik（ドブロブニクの旧市街）
1991年の内戦で，多くの建物が破損。すぐ危機リストに登録された。その後，ユネスコの技術的，経済的な援助を受け，町並みの復興に成功した。1998年，危機遺産リストから削除された。
文化遺産（登録基準（ⅰ）(ⅲ)(ⅳ)） 1979年／1994年
クロアチア

Wieliczka Salt Mine（ヴィエリチカ塩坑）
地下水や結露の影響で，1989年に危機遺産リストに登録されたが，ポーランド国内や国際的な協力により湿気除去のシステムが設置され，1998年には危機遺産リストから削除された。
文化遺産（登録基準（iv）） 1978年　ポーランド

Iguazu National Park／Iguacu National Park（イグアス国立公園）
ナイアガラ，ヴィクトリアと並ぶ世界三大瀑布のひとつ。アルゼンチン，ブラジル両国が各々の物件として登録。1999年，ブラジル側の登録遺産が無計画な道路建設計画により危機遺産に登録されたが，政府当局により不法な道路が閉鎖され，解除された。**自然遺産**（登録基準（iii）(iv)）　1984年／1986年　アルゼンチン／ブラジル

Galapagos Islands（ガラパゴス諸島）
乱獲や外来種の持ち込みなどで生態系が脅かされていたが，周辺海域をも保護区域とし，拡大登録することにより現在のところ，危機遺産への登録は回避されている。
自然遺産(登録基準(ⅰ)(ⅱ)(ⅲ)(ⅳ))　1978年／2001年
エクアドル

Kathmandu Valley（カトマンズ渓谷）
遺産地の人口増加や，不法建築などで，遺産保護や景観に重要な影響を及ぼしている。
文化遺産(登録基準(ⅲ)(ⅳ)(ⅵ))　1979年　ネパール
(写真)目玉寺院で知られるスワヤンブーナート

Historic Centre of Prague（プラハの歴史地区）
2002年8月に発生した大洪水により，町のシンボルであるカレル橋などが被害にあった。ユネスコの緊急援助をはじめ，日本など各国からの援助が相次いだ。
文化遺産（登録基準（ⅱ）(ⅳ)(ⅵ)）　1992年
チェコ

Venice and its Lagoon（ヴェネチアとその潟）
サン・マルコ寺院の州の上に造られた水の都は，176の運河と400余の橋で結んでいる。水の浸食の為に少しずつ地盤が沈下しており，度々浸水し，その対策に苦慮している。
文化遺産（登録基準（ⅰ)(ⅱ)(ⅲ)(ⅳ)(ⅴ)(ⅵ)）　1987年
イタリア

危機にさらされている世界遺産

Garamba National Park（ガランバ国立公園）
1984年，キタシロサイの生息数の激減により危機遺産に登録。その後，その数の増加によって，1992年に削除されたが，密猟などが相次ぎ，1996年に再度登録されてしまった。
自然遺産(登録基準(iii)(iv))　1980年
★【危機遺産】1996年　コンゴ民主共和国

Abu Mena（アブ・ミナ）
初期キリスト教の聖地。土地改良に伴う水面上昇による溢水の為，2001年に危機遺産リストに登録された。
文化遺産(登録基準(iv))　1979年
★【危機遺産】2001年　エジプト

Minaret and Archaeological Remains of Jam
(ジャムのミナレットと考古学遺跡)
長年の戦乱で、危機的状況にあり、今後保存プランを作成するという特例のもとに登録。同時に危機遺産リストにも登録された。
文化遺産（登録基準（ii）(iii)(iv)）　2002年
★【危機遺産】2002年　アフガニスタン

Angkor（アンコール）
カンボジア内戦により荒れ放題の状態が続き、世界遺産登録と同時に危機遺産リストにも登録された。内戦終息後も、浸食、風化の危機は続いており、我が国も遺跡の修復に協力、貢献している。
文化遺産（登録基準（i）(ii)(iii)(iv)）　1992年
★【危機遺産】1992年　カンボジア

危機にさらされている世界遺産

Natural and Culturo-Historical Region of Kotor
（コトルの自然・文化—歴史地域）
1979年の大地震により甚大な被害を受け，登録と同時に危機遺産にも登録。危機遺産登録の第1号となった。
文化遺産（登録基準（ⅰ）（ⅱ）（ⅲ）（ⅳ））　1979年
★【危機遺産】1979年　ユーゴスラヴィア
（写真）聖トリフォン大聖堂

Srebarna Nature Reserve（スレバルナ自然保護区）
堤防建設によりドナウ川からの水の供給が断たれ，乾燥した湖が陸地化している。絶滅の危機に瀕したダルマチアペリカンの重要な繁殖地で，1992年に危機遺産リストに登録された。
自然遺産（登録基準（ⅳ））　1983年
★【危機遺産】1992年　ブルガリア

Yellowstone（イエローストーン）
1995年，周辺での鉱山開発の影響による環境汚染のおそれから危機遺産リストに登録された。ゴミなどの観光公害も深刻。
自然遺産(登録基準(i)(ii)(iii)(iv))　1978年
★【危機遺産】1995年　アメリカ合衆国

Chan Chan Archaeological Zone
（チャン・チャン遺跡地域）
古代チムー王国の首都遺跡。日干し煉瓦は，きわめて脆い材質のうえ風化しやすく，また自然環境も風化の速度を早めており，1986年に危機にさらされている遺産に登録された。
文化遺産(登録基準 (i)(iii))　1986年
★【危機遺産】1986年　ペルー

世界遺産入門―過去から未来へのメッセージ―　世界遺産とは？

世界遺産は，いつも見えない危険にさらされている

　世界遺産は，私たちの身の回りの環境と同様に，台風や地震などの自然災害や戦争などの人為災害，それに，海洋環境の劣化などの地球環境問題など世界遺産は，いつも，見えない危険にさらされています。また，過疎化・高齢化などによる後継者難など，世界遺産を取り巻く社会構造上の問題も抱えています。

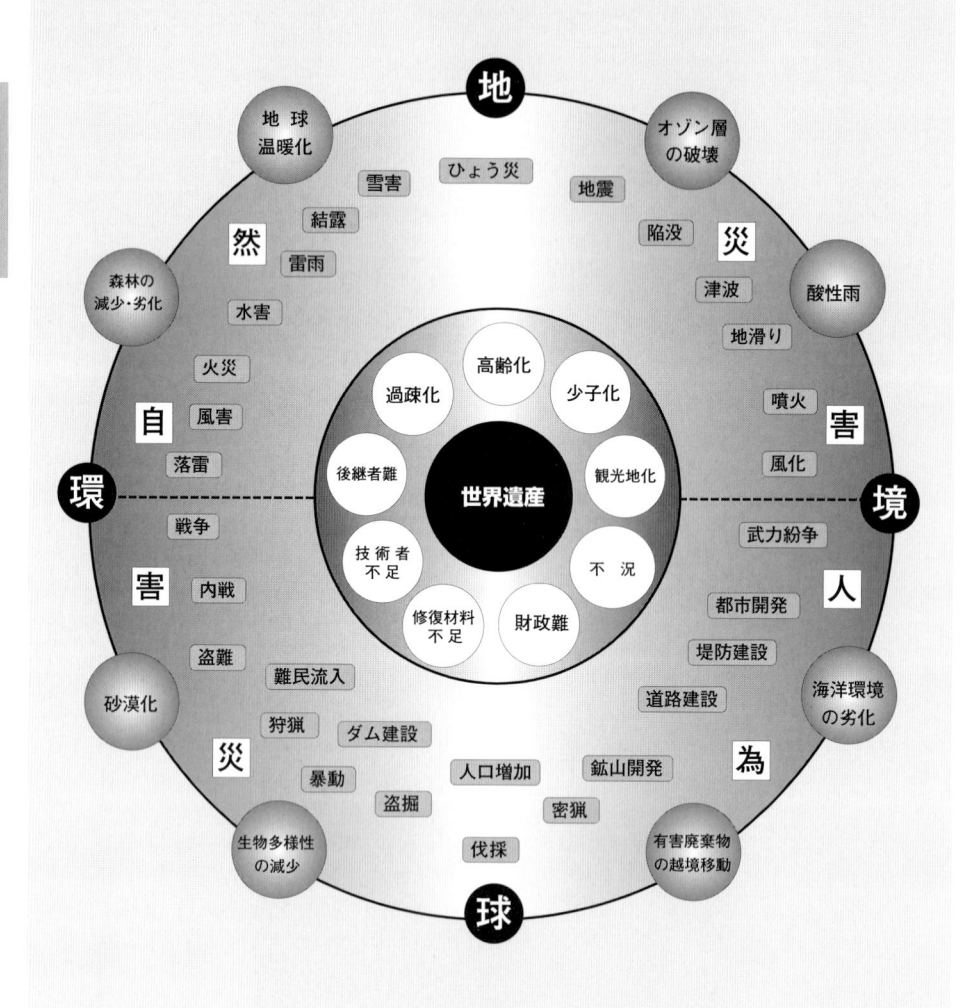

世界遺産とは

地／自然災害／環境／人為災害／球

- 地球温暖化
- 雪害
- ひょう災
- 地震
- オゾン層の破壊
- 結露
- 陥没
- 雷雨
- 津波
- 酸性雨
- 森林の減少・劣化
- 水害
- 地滑り
- 火災
- 噴火
- 風害
- 風化
- 落雷
- 武力紛争
- 戦争
- 都市開発
- 内戦
- 堤防建設
- 盗難
- 道路建設
- 難民流入
- 海洋環境の劣化
- 砂漠化
- 狩猟
- ダム建設
- 人口増加
- 鉱山開発
- 暴動
- 密猟
- 盗掘
- 有害廃棄物の越境移動
- 生物多様性の減少
- 伐採

世界遺産
- 高齢化
- 過疎化
- 少子化
- 後継者難
- 観光地化
- 技術者不足
- 不況
- 修復材料不足
- 財政難

62　　シンクタンクせとうち総合研究機構　発行

危機にさらされている世界遺産

2003年1月現在

	物件名	国名	危機遺産登録年	登録された主な理由
1	コトルの自然・文化―歴史地域	ユーゴスラヴィア	1979年	地震
2	エルサレム旧市街と城壁	ヨルダン推薦物件	1982年	民族紛争
3	アボメイの王宮	ベナン	1985年	竜巻，雷雨
4	チャン・チャン遺跡地域	ペルー	1986年	風雨による侵食・崩壊
5	バフラ城塞	オマーン	1988年	崩壊，風化
6	トンブクトゥー	マリ	1990年	砂漠化による侵食，埋没
7	ニンバ山厳正自然保護区	ギニア/コートジボワール	1992年	鉄鉱山開発，難民流入
8	アイルとテネレの自然保護区	ニジェール	1992年	武力紛争，内戦
9	マナス野生動物保護区	インド	1992年	地域紛争，密猟
10	アンコール	カンボジア	1992年	内戦，風化，盗掘
11	サンガイ国立公園	エクアドル	1992年	道路建設
12	スレバルナ自然保護区	ブルガリア	1992年	堤防建設
13	エバーグレーズ国立公園	アメリカ合衆国	1993年	ハリケーン，人口増加
14	ヴィルンガ国立公園	コンゴ民主共和国	1994年	地域紛争，密猟
15	イエローストーン	アメリカ合衆国	1995年	鉱山開発，水質汚染
16	リオ・プラターノ生物圏保護区	ホンジュラス	1996年	入植，農地化，商業地化
17	イシュケウル国立公園	チュニジア	1996年	ダム建設，都市化
18	ガランバ国立公園	コンゴ民主共和国	1996年	密猟，内戦，森林破壊
19	シミエン国立公園	エチオピア	1996年	密猟，人口増加，農地拡張
20	オカピ野生動物保護区	コンゴ民主共和国	1997年	武力紛争，森林伐採，密猟
21	カフジ・ビエガ国立公園	コンゴ民主共和国	1997年	密猟，難民流入，農地開拓
22	ブトリント	アルバニア	1997年	内戦，略奪
23	マノボ・グンダ・サンフローリス国立公園	中央アフリカ	1997年	密猟
24	ルウェンゾリ山地国立公園	ウガンダ	1999年	地域紛争
25	サロンガ国立公園	コンゴ民主共和国	1999年	密猟，都市化
26	ハンピの建造物群	インド	1999年	つり橋建設，農地化
27	ザビドの歴史都市	イエメン	2000年	都市化，劣化
28	ジュジ国立鳥類保護区	セネガル	2000年	オオサンショウモの繁殖
29	ラホールの城塞とシャリマール庭園	パキスタン	2000年	老朽化，都市開発
30	フィリピンのコルディリェラ山脈の棚田	フィリピン	2001年	総合管理計画欠如
31	アブ・ミナ	エジプト	2001年	土地改良による溢水
32	ジャムのミナレットと考古学遺跡	アフガニスタン	2002年	戦乱による損傷，浸水
33	ティパサ	アルジェリア	2002年	総合管理計画欠如，都市化

1 黒番号・・・文化遺産
7 白番号・・・自然遺産

シンクタンクせとうち総合研究機構　発行

危機にさらされている世界遺産位置図

1. コトルの自然・文化―歴史地域（Natural and Culturo-Historical Region of Kotor）ユーゴスラヴィア
2. エルサレム旧市街と城壁（The Old City of Jerusalem and its Walls）ヨルダン推薦物件
3. アボメイの王宮（Royal Palaces of Abomey）ベナン
4. チャン・チャン遺跡地域（Chan Chan Archaeological Zone）ペルー
5. バフラ城塞（Bahla Fort）オマーン
6. トンブクトゥー（Timbuktu）マリ
7. ニンバ山厳正自然保護区（Mount Nimba Strict Nature Reserve）ギニア／コートジボワール
8. アイルとテネレの自然保護区（Air and Tenere Natural Reserves）ニジェール
9. マナス野生動物保護区（Manas Wildlife Sanctuary）インド
10. アンコール（Angkor）カンボジア
11. サンガイ国立公園（Sangay National Park）エクアドル
12. スレバルナ自然保護区（Srebarna Nature Reserve）ブルガリア
13. エバーグレーズ国立公園（Everglades National Park）アメリカ合衆国
14. ヴィルンガ国立公園（Virunga National Park）コンゴ民主共和国
15. イエローストーン（Yellowstone）アメリカ合衆国
16. リオ・プラターノ生物圏保護区（Rio Platano Biosphere Reserve）ホンジュラス
17. イシュケウル国立公園（Ichkeul National Park）チュニジア

18 ガランバ国立公園（Garamba National Park）コンゴ民主共和国
19 シミエン国立公園（Simien National Park）エチオピア
20 オカピ野生動物保護区（Okapi Wildlife Reserve）コンゴ民主共和国
21 カフジ・ビエガ国立公園（Kahuzi-Biega National Park）コンゴ民主共和国
22 ブトリント（Butrint）アルバニア
23 マノボ・グンダ・サンフローリス国立公園（Parc National du Manovo-Gounda St.Floris）中央アフリカ
24 ルウェンゾリ山地国立公園（Rwenzori Mountains National Park）ウガンダ
25 サロンガ国立公園（Salonga National Park）コンゴ民主共和国
26 ハンピの建造物群（Group of Monuments at Hampi）インド
27 ザビドの歴史都市（Historic Town of Zabid）イエメン
28 ジュジ国立鳥類保護区（Djoudj National Bird Sanctuary）セネガル
29 ラホールの城塞とシャリマール庭園（Fort and Shalamar Gardens in Lahore）パキスタン
30 フィリピンのコルディリェラ山脈の棚田（Rice Terraces of the Philippine Cordilleras）フィリピン
31 アブ・メナ（Abu Mena）エジプト
32 ジャムのミナレットと考古学遺跡（Minaret and Archaeological Remains of Jam）アフガニスタン
33 ティパサ（Tipasa）アルジェリア

負の遺産

　世界遺産は，本来，人類が残した偉大で賞賛すべき，顕著な普遍的価値を持つ真正なものばかりですが，逆に，人類が犯した二度と繰り返してはならない人権や人命を無視した悲劇，人種や民族の差別の証明ともいえる世界遺産もあります。

　これらには，15〜19世紀の植民地主義時代，西欧列強による黒人奴隷売買の舞台となったアフリカのセネガルの「ゴレ島」やガーナの「ボルタ，アクラ，中部，西部各州の砦と城塞」，17世紀に奴隷貿易の拠点として繁栄したキューバの「トリニダード」，16〜18世紀，先住民にとっては隷属の象徴であった銀山のあるボリビアの「ポトシ」，16〜17世紀，先住民から略奪した金，銀，財宝が積み出されたコロンビアの「カルタヘナ」などの物件があります。

　一方，第二次世界大戦中，ドイツがユダヤ人や共産主義者を大量虐殺したポーランドの「アウシュヴィッツ強制収容所」，太平洋戦争末期の1945年8月6日にアメリカが広島市上空に投下した原子爆弾で被災した「広島の平和記念碑（原爆ドーム）」の2つは，戦争の悲惨さを示すショッキングな戦争遺跡（war-related sites）で，人間が起した戦争の愚かしさを人類に警告するマイナスの遺産なので，負の遺産（legacy of tragedy）とも言われています。

　負の遺産は，世界遺産条約や世界遺産条約を履行していく為の指針の中で定義されているわけではありません。一方においては，「負の遺産」としてとらえてみても，他方からみるとそうではない場合もあるわけで，世界遺産は様々な側面を持っているのです。それらを理解する為には，遺産の持つ文化的，歴史的な背景を学ぶことが重要です。

　負の遺産を世界遺産にすることについては異論も多々ありますが，人類が二度と繰り返してはならない顕著な普遍的価値をもつ代表的な史跡やモニュメントを，全世界の人々が保存し，平和への礎としていくことも大切なことだと思います。

Auschwitz Concentration Camp
（アウシュヴィッツ強制収容所）
第二次世界大戦中，ユダヤ人，ポーランド人など罪なき多くの人々が捕虜としてここに収容され，強制労働の末，残虐な方法で大量虐殺された。その数は，400万人に上る。
文化遺産（登録基準（vi））　1979年　ポーランド
（写真）「死の門」と呼ばれたビルケナウの正門

Island of Goree（ゴレ島）
19世紀初頭まで奴隷の交易が行われたゴレ島。南北900m、東西300mの島には人類の罪科を如実に示す奴隷収容所、交易商館やセネガル最古のモスクなどが残る。アラビアゴムや密蝋などを巡り英仏蘭葡が商権を競った。
文化遺産（登録基準（vi））1978年　セネガル

City of Potosi（ポトシ市街）
スペイン人が発見したセロ・リコ銀山「豊かなる丘」は、先住民にとっては、「人食う山」と怖れられ、隷属の象徴だった。
文化遺産（登録基準（ii）(iv)(vi)）　1987年　ボリビア

日本の世界遺産

世界遺産条約締約

わが国が，世界遺産条約を締約したのは，1992年です。1992年6月19日に世界遺産条約を国会で承認，9月30日に発効し，124か国目の締約国として仲間入りを果たしました。1972年に世界遺産条約採択されてから20年を経ての遅い加入となりました。

国内での法律

世界遺産に登録されるためには，まず，自国の領域内に存在する文化遺産及び自然遺産が，きちんと保護・保全，整備され，将来の世代へ伝えることができることが大前提だと述べてきました。

そのために，わが国には，自然や文化を守るために，いくつかの法律が制定されています。

自然環境保全に関するものは，自然公園法，自然環境保全法，絶滅のおそれのある野生動植物の種の保存に関する法律（種の保存法），鳥獣保護及狩猟ニ関スル法律（鳥獣保護法）などの法律の下に，原生自然環境保全地域，国立公園や国定公園，希少野生動植物，国設鳥獣保護区などの指定を行っています。また，国際条約であるラムサール条約，ワシントン条約などを締約し，他の省庁と連携をとりつつ，自然環境の適正な保全を総合的に推進しています。

また，文化行政の面では，文化財保護法に基づき，重要なものを国宝・重要文化財や史跡・名勝・天然記念物などに指定しており，これらの保存・修理や防災，埋蔵文化財の発掘調査，史跡などの公有化・整備など，各種の施策が講じられています。1996年度には，文化財登録制度が導入され，文化財建造物に対してより緩やかな保護措置が講じられるようになりました。また，演劇，音楽，工芸技術などの無形文化財や年中行事，民俗芸能などの民俗文化財の記録保存や伝承者育成活動なども行われています。

その他，宿場町や城下町などの伝統的建造物群を保存するために，特に重要な地区を重要伝統的建造物群保存地区として選定し，その保存に努めています。

わが国の世界遺産登録地も，これらの法律などにより，国宝，史跡，名勝などの指定を受け，保護・保全措置が講じられています。日本の世界遺産がこれまでスムーズに登録に至っているのは，このように国内での保護体制が，しっかりとした内容をもっているからです。世界遺産登録各地の主な保護体制は下表の通りです。

	物件名	主な保護体制
自然遺産	白神山地	自然環境保全地域，津軽国定公園，森林生態系保護地域 特別天然記念物，天然記念物
	屋久島	原生自然環境保全地域，霧島屋久国立公園，森林生態系保護地域 特別天然記念物
文化遺産	法隆寺地域の仏教建造物	国宝，重要文化財，古都保存法
	姫路城	国宝，重要文化財，姫路市都市景観条例
	古都京都の文化財（京都市，宇治市，大津市）	国宝，重要文化財，特別名勝，名勝，特別史跡，史跡，特別天然記念物 古都保存法
	白川郷・五箇山の合掌造り集落	史跡，重要伝統的建造物群保存地区，五箇山県立自然公園
	広島の平和記念碑（原爆ドーム）	史跡
	厳島神社	国宝，重要文化財，天然記念物
	古都奈良の文化財	国宝，重要文化財，特別史跡，史跡，特別天然記念物，古都保存法
	日光の社寺	国宝，重要文化財，史跡，日光国立公園，日光市街並景観条例
	琉球王国のグスク及び関連遺産群	重要文化財，特別名勝，史跡

11物件の世界遺産

　わが国には，ユネスコの世界遺産は，11物件（自然遺産2物件，文化遺産9物件）が登録されています（2003年1月現在）。1992年に世界遺産条約を締約後，1993年には，「白神山地」（自然遺産），「屋久島」（自然遺産），「姫路城」（文化遺産），「法隆寺地域の仏教建造物」（文化遺産）の4物件（自然遺産2物件，文化遺産2物件）が，わが国最初の世界遺産として登録されました。
　その後，1994年には，「古都京都の文化財（京都市 宇治市 大津市）」（文化遺産），1995年は，「白川郷・五箇山の合掌造り集落」（文化遺産），1996年には，「広島の平和記念碑（原爆ドーム）」（文化遺産），「厳島神社」（文化遺産）の2物件，1998年に京都で開催された第22回世界遺産委員会では，「古都奈良の文化財」（文化遺産）が，1999年には「日光の社寺」（文化遺産），2000年には「琉球王国のグスク及び関連遺産群」（文化遺産）が登録されています。

登録された顕著な普遍的価値

　世界遺産に登録された11件の物件は，それぞれ「顕著な普遍的価値」を有しています。評価された世界に誇る「顕著な普遍的価値」とはどのようなものでしょうか？
　自然遺産に登録された「白神山地」は，人為の影響をほとんど受けていない原生的なブナ天然林が世界最大の規模で分布している点が認められました。「白神山地」は，世界遺産に登録されるまで，国内ではあまり知られていませんでした。1980年代に，青森県と秋田県を結ぶ青秋林道の建設が計画され，その建設反対運動が起きたことがきっかけになり，森林生態系保護地域，自然環境保全地域などに指定され，世界遺産登録へとつながりました。「屋久島」は，縄文杉に代表されるように，樹齢1000年を超す天然杉の巨木群や亜熱帯林から亜寒帯林に及ぶ植物が，海岸線から山頂まで垂直分布しており，クス，カシ，シイなどの美しい照葉樹林は世界最大の規模で広がっているところが評価されました。
　文化遺産はどうなっているでしょう。「法隆寺地域の仏教建造物」は，飛鳥時代の姿を現在に伝える世界最古の木造建築物群としての評価受け，「姫路城」は，日本を代表する近世城郭建築の最高傑作である点が，世界遺産登録につながりました。
　また，千年の歴史が育んだ政治・文化の中心地「古都京都の文化財」では，数多くある文化財の中から，遺産そのものの保護の状況に優れているものの代表として，17の物件が選び出され，総体として評価されました。
　「白川郷・五箇山の合掌造り集落」は，人里離れた厳しい自然の中で今も息づく独自の文化である点が普遍的価値を有するものとのして登録されました。
　海上に浮かぶ寝殿造りの「厳島神社」は，調和と統一をもって建造され配置された独特の建築物群としての評価を受けました。
　一方，人類史上初めて使用された核兵器の惨禍を如実に伝える「広島の平和記念碑（原爆ドーム）」は，歴史の証人として，二度と繰り返してはならない過ちや愚かさに対する未来への教訓であり，人類の負の遺産としての登録となりました。わは国が世界遺産条約を締約するころから，原爆ドームを世界遺産に！との市民の声が上がり，街頭署名運動などで160万人もの署名が集まりました。こういった声を受けて，わが国では，原爆ドームを世界遺産に推薦するために，文化財保護法の規定を変更し，1995年「国の史跡」に指定，その後1996年の世界遺産委員会での登録となったのです。
　平城京として古代国家の確立した地である「古都奈良の文化財」は，東大寺などの社寺については，「8世紀に中国大陸や朝鮮半島から伝播し，日本で独自の発展を遂げた仏教建築群」，平城宮跡は，「失われた古代宮都の考古学的遺跡」，春日山原始林は「日本独特の神道思想と密接に関係する文化的景観の顕著な事例」とされ，日本独特の「木の文化」に対して，高い評価が与えられました。

「日光の社寺」は，二荒山神社，東照宮，輪王寺及びそれらの境内地からなり，江戸幕府の祖を祀る聖地として，重要な歴史的役割を果たし，「権現造り」という建築様式，日本独特の神道思想と密接に関係した自然環境が認められました。
　2000年12月には，わが国11番目の世界遺産として「琉球王国のグスク及び関連遺産群」が登録されましたが，これは，中国，日本，朝鮮，東南アジア諸国と交わりつつ成立した「琉球王国」という独立国家の所産であり，独自の発展を遂げた特異性を示す事例として評価を受けたのです。日本文化の多様性を示す好事例だと思います。

世界遺産への登録手順
　自然遺産，文化遺産に共通する世界遺産への登録手順は，わが国の場合，関係自治体の同意を得て，文部科学省，外務省，環境省，林野庁，文化庁，国土交通省，内閣府のメンバー等で構成される世界遺産条約関係省庁連絡会議で推薦物件を決定します。
　推薦する物件が決定したら，世界遺産の登録範囲（核心地域と緩衝地域）を明確に定め，わが国での保護体制を確立し，推薦書類を整えます。推薦書類の書式と内容は，（1）物件の所在地，詳しい地図と正確な図面，（2）物件の所有者や法的地位などの法的データ，（3）物件の写真，説明と目録，歴史などの証明，（4）保全・保存の状態，（5）世界遺産登録の正当性を示す理由と評価　となっています。
　推薦書類は，外務省を通じてユネスコ本部の世界遺産センターに提出されます。
　毎年2月末までに提出された推薦書類は，1年余の専門機関での調査期間，世界遺産ビューロー会議での事前審議を経て，順調にゆけば翌年6月の世界遺産委員会で審議・決定されることになります。

今後の日本の世界遺産候補地（暫定リスト登録物件）
　わが国は，既に世界遺産リストに登録された11物件の他に，暫定リストとして「古都鎌倉の寺院・神社」，「彦根城」の2物件がノミネートされていましたが，2000年11月に，追加物件として「平泉の文化遺産」，「紀伊山地の霊場と参詣道」，「石見銀山遺跡」の3物件が選定されました。
　2001年3月に，外務省を通じてユネスコ世界遺産センターに新たな暫定リストが提出され，今後の世界遺産候補地となりました。従って，現在の暫定リスト登録物件は5物件となりました。
　このうち，和歌山県，奈良県，三重県にまたがる「紀伊山地の霊場と参詣道」は，現在，日本政府の推薦段階となっており，順調に進めば，2004年に開催される第28回世界遺産委員会で登録される見込みです。
　また，2000年11月の文化財保護審議会（現　文化審議会）では，上記3件の暫定リスト追加物件とは別に，富士山について，「富士山は古来より霊峰富士として聞こえ，富士信仰が伝えられると共に遠方より望む秀麗な姿が多くの芸術作品の主題となるなど日本人の信仰や美意識などと深く関連しており，また，今日に至るまで人々に畏敬され，感銘を与え続けてきた日本を代表する名山であり，顕著な価値を有する文化的景観として評価することができると考えられる。富士山のこのような面については，今後，多角的，総合的な調査研究の一層の深化とともに，その価値を守るための国民の理解と協力が高まることを期待し，できるだけ早期に世界遺産に推薦できるよう強く希望する」との見解を示しています。
　世界遺産になる為には，まず，日本政府の認知を受け，暫定リストに登録されることが必要な条件となります。

日本の世界遺産の現状
　わが国が1992年に世界遺産条約を締約してから，2002年で10年を迎えました。「世界遺産」と

いう言葉も様々な所で見聞きするようになり，なじみ深くなってきたようです。

それぞれの世界遺産登録地では，住民の関心も高まり，人類の至宝である世界遺産のある所に住んでいるという「自信」，「誇り」，そして「気概」が生まれてきたように思えます。

自然遺産に登録された「白神山地」では，入山の規制がされたため，一部住民などから立入禁止に異議を唱える声も上がっていました。現在，コアゾーンは立入禁止，バッファゾーンも入山指定ルートに従って登山するようになっています。最近は登山者のマナーの向上やボランティアの努力などもあって，登録直後の状況に比べればゴミの量は少なくなっているようです。

「屋久島」でも，登録直後は約40％も観光客が増えました。縄文杉付近への観光客集中で，杉への損害が懸念され，柵を設置したりの対策が講じられました。現在は，観光客数も落ち着きいてきましたが，鹿児島県では，環境保全のために入山者と観光客に対して課税することを検討しています。

世界遺産登録により，一気に観光客が増えた所は，「白川郷・五箇山の合掌造り集落」です。人里離れた秘境も，今では年間150万人もの人が訪れる手軽な観光地になっており，オーバーユースの問題も指摘されています。白川郷では，合掌造りのかや葺きの屋根の修復・修景事業と地域振興を進めるため，1997年に「(財)世界遺産白川郷合掌造り保存財団」を設立。駐車場での協力金を修復費用に充当したりしています。また，車の乗り入れの規制など，試行錯誤を繰り返しながら集落の保存に努めています。白川村では，電線の地中化工事も進んでいます。また，世界遺産を守るために，歩きたばこの禁止条例を検討中で，住民や観光客への注意を呼びかけています。

「姫路城」は，2001年に築城400年を迎え，それに伴い防災センターを完成させました。城内のスプリンクラーや監視カメラを集中管理するシステムで，国内の文化財では最高水準の防火システムとなりました。また，天守閣の壁の一部漆喰はがれの修理なども行われています。

「原爆ドーム」では，2002年8月，平和記念公園内に「国立広島原爆死没者追悼平和祈念館」が開館しました。被爆者の名前や遺影，被爆体験記などが収蔵されており，原爆死没者を追悼し被爆体験を伝える目的で建設された初の国立の施設です。2003年は，ドームの劣化を防止するための通算3回目の工事が行われています。「原爆ドーム」の場合，破壊されたものを修復するのではなく，そのままの状態で保存するという使命が与えられているので，保存のための技術も大変で，「世界遺産」として100年間もの風雨に耐えられるような保存方法を確立するために慎重な作業が行われています。

「厳島神社」では，近年，異常潮位により，社殿が水浸しになる被害が出ています，広島県文化財保護部では対策を協議，また，国土交通省では，異常潮位の発生メカニズム・パターンの分析をして，今後の護岸整備や予測などに生かそうとしています。

「古都奈良の文化財」の登録地のひとつである平城京跡では，国土交通省が地下に京奈和自動車道のトンネルを通すという計画を進めており，同省設置の文化財検討委員会や考古学協会などが反対をしています。トンネルが設置されると地下水が流れだし，豊富な地下水によって1300年間も腐らずに守られてきた貴重な木簡が朽ちてしまう恐れが出ているのです。ユネスコ世界遺産センターも日本政府に対し，計画について検討状況を報告するよう要請しました。

「日光の社寺」では，交通渋滞が慢性化しており，排気ガスなどの影響を受け，枯死寸前の樹木が文化的景観を損ねてきています。日光の社寺と一体をなすものとして，日光の杉並木の登録運動が起きていますが，樹勢の回復のための早急な対策が必要とされています。

2000年に「琉球王国のグスク及び関連遺産群」が登録されたことにより，沖縄の歴史や伝統文化にスポットが当てられました。沖縄県では，遺産への理解を深めてもらおうと，学校用の副読本の発刊しています。また，増加している観光客に対しては，ガイドなどの人材育成，案内板，トイレの設置などの環境整備も順次整えています。

日本の世界遺産

Shirakami-Sanchi（白神山地）
青森県、秋田県にまたがる広さ170km²におよぶ世界最大級の広大なブナ原生林。白神山地の核心地域への立ち入りは禁止されている。
自然遺産（登録基準（ⅱ））　1993年
（写真）暗門の滝に向かうアクアビレッジより白神山地を望む。
（青森県西目屋村）

Yakushima（屋久島）
1000年を超す天然杉の原始林、亜熱帯林から亜寒帯林に及ぶ植物が、海岸線から山頂まで垂直分布している。クス、カシ、シイなどが美しい常緑広葉樹林（照葉樹林）は世界最大規模。
自然遺産（登録基準（ⅱ）（ⅲ））　1993年
（写真）黒味岳より九州最高峰の宮之浦岳を望む。

Shrines and Temples of Nikko（日光の社寺）
徳川幕府の祖を祀る霊廟がある聖地として，また日光山岳信仰の聖域として重要な歴史的役割を果たした。
文化遺産(登録基準(i)(iv)(vi))　1999年
（写真）東照宮

Historic Villages of Shirakawa-go and Gokayama
（白川郷・五箇山の合掌造り集落）
深い山々と天然のブナ林に囲まれて，ひっそりとたたずむ萱葺きの合掌造りの家屋は，"日本人の心のふるさと"ともいえるノスタルジックな景観を形成している。
文化遺産(登録基準(iv)(v))　1995年
（写真）白川郷の秋

日本の世界遺産

Historic Monuments of Ancient Kyoto（Kyoto, Uji and Otsu Cities）（古都京都の文化財（京都市，宇治市，大津市））
794年に古代中国の都城を模範につくられた平安京とその近郊が対象地域で，平安〜江戸の各時代にわたる建造物，庭園などが数多く存在する。
文化遺産（登録基準（ⅱ）(ⅳ)）　1994年
（写真）教王護国寺（東寺）

Historic Monuments of Ancient Kyoto（Kyoto, Uji and Otsu Cities）（古都京都の文化財（京都市，宇治市，大津市））
遺産そのものの保護の状況に優れているものの代表として17の物件が選び出され，古都京都の歴史とこの群を成す文化財が総体として評価された。
文化遺産（登録基準（ⅱ）(ⅳ)）　1994年
（写真）龍安寺 石庭として名高い枯山水庭園

Historic Monuments of Ancient Nara
（古都奈良の文化財）
8世紀に大陸から伝播し独自の発展を遂げた仏教建築群と古代宮都の考古学的遺跡。東大寺をはじめ8つの遺産群が登録された。
文化遺産（登録基準（ⅱ）（ⅲ）（ⅳ）（ⅵ））　1998年
（写真）東大寺　金堂（大仏殿）

Buddhist Monuments in the Horyu-ji Area
（法隆寺地域の仏教建造物）
世界最古の木造建築物の中門，金堂，日本の塔の中で最古の五重塔などからなる西院伽藍，夢殿を中心とした東院伽藍などからなり，日本の仏教寺院の全歴史を物語る遺産。
文化遺産（登録基準（ⅰ）（ⅱ）（ⅳ）（ⅵ））　1993年
（写真）西院伽藍の中門，五重塔

日本の世界遺産

Itsukushima Shinto Shrine（厳島神社）
朱塗りの平安の宗教建築群を展開する他に例を見ない大きな構想のもとに独特の景観を創出している。
文化遺産（登録基準（ⅰ）(ⅱ)(ⅳ)(ⅵ)） 1996年

Hiroshima Peace Memorial（Genbaku Dome）
（広島の平和記念碑（原爆ドーム））
世界の恒久平和の大切さを訴え続ける人類共通の平和のモニュメント。
文化遺産（登録基準（ⅵ)） 1996年

Himeji-jo（姫路城）
天守閣群は，大天守を中心に渡廊で結ばれた3つの小天守からなる。白壁が美しく「白鷺城」とも言われる。日本の城郭建築の最高傑作。
文化遺産（登録基準（ⅰ）(ⅳ)）　1993年

Gusuku Sites and Related Properties of the Kingdom of Ryukyu
（琉球王国のグスク及び関連遺産群）
琉球が王国への統一に動き始める14世紀後半から，王国が確立した後の18世紀末にかけて生み出された琉球地方独自の特徴を表す文化遺産群。沖縄では，「城」と書いて「グスク」と読む。
文化遺産（登録基準（ⅱ）(ⅲ)(ⅵ)）　2000年
（写真）座喜味城跡

日本の世界遺産位置図

❶法隆寺地域の仏教建造物　奈良県生駒郡斑鳩町
文化遺産（登録基準（ⅰ）(ⅱ)(ⅳ)(ⅵ)）
1993年
❷姫路城　兵庫県姫路市本町
文化遺産（登録基準（ⅰ）(ⅳ)）　1993年
❸屋久島　鹿児島県熊毛郡屋久町, 上屋久町
自然遺産（登録基準（ⅱ）(ⅲ)）　1993年
❹白神山地　青森県西津軽郡, 中津軽郡
　　　　　　秋田県山本郡
自然遺産（登録基準（ⅱ））　1993年
❺古都京都の文化財（京都市　宇治市　大津市）
京都府京都市, 宇治市, 滋賀県大津市
文化遺産（登録基準（ⅱ）(ⅳ)）
1994年
❻白川郷・五箇山の合掌造り集落
岐阜県大野郡白川村,
富山県東砺波郡平村, 上平村
文化遺産（登録基準（ⅳ）(ⅴ)）
1995年

❼広島の平和記念碑（原爆ドーム）
広島県広島市中区大手町
文化遺産（登録基準（ⅵ））　1996年
❽厳島神社　広島県佐伯郡宮島町
文化遺産（登録基準（ⅰ）(ⅱ)(ⅳ)(ⅵ)）1996年
❾古都奈良の文化財　奈良県奈良市
文化遺産（登録基準（ⅱ）(ⅲ)(ⅳ)(ⅵ)）1998年
❿日光の社寺　栃木県日光市
文化遺産（登録基準（ⅰ）(ⅳ)(ⅵ)）　1999年
⓫琉球王国のグスク及び関連遺産群
沖縄県（国頭郡今帰仁村, 中頭郡読谷村, 中頭郡勝連町,
中頭郡北中城村・中城村, 那覇市, 島尻郡知念村）
文化遺産（登録基準（ⅱ）(ⅲ)(ⅵ)）　2000年

暫定リスト登録物件
1 紀伊山地の霊場と参詣道（和歌山県・奈良県・三重県）
2 平泉の文化遺産（岩手県）
3 古都鎌倉の寺院・神社ほか（神奈川県）
4 彦根城（滋賀県）
5 石見銀山遺跡（島根県）

シンクタンクせとうち総合研究機構　発行

世界遺産とは

世界遺産登録物件

物件名	顕著な普遍的価値
屋久島	亜熱帯林から亜寒帯林に及ぶ植物が、海岸線から山頂まで垂直分布する。照葉樹林は世界最大規模
白神山地	世界最大級の広大なブナ原生林
法隆寺地域の仏教建造物	世界最古の木造建築物
姫路城	日本を代表する芸術的な城郭建築物
古都京都の文化財（京都市 宇治市 大津市）	古都京都の歴史とこの群を成す文化財
白川郷・五箇山の合掌造り集落	日本の原風景を想起させる歴史的な合掌造り集落
広島の平和記念碑（原爆ドーム）	時代を超えた核兵器の究極的廃絶と世界の恒久平和の大切さを訴え続ける人類共通の広島平和記念碑
厳島神社	日本三景の一つ宮島にある建造物と自然が一体化した朱塗りの平安の宗教建築群
古都奈良の文化財	8世紀に中国大陸等から伝播し独自の発展を遂げた仏教建築群と古代宮都の考古学的遺跡
日光の社寺	江戸幕府の祖を祀る霊廟を中心とする神社と寺院
琉球王国のグスク及び関連遺産群	東南アジア諸国等との交易で栄え個性的な文化の華を咲かせた琉球王国の首里城および周辺のグスクなど

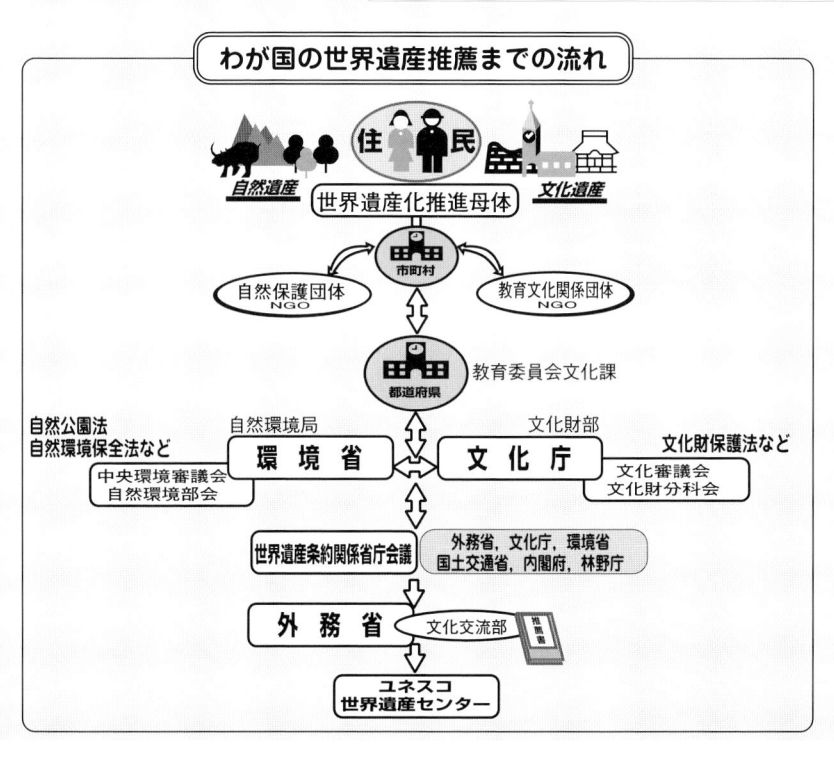

わが国の世界遺産推薦までの流れ

住民
自然遺産　世界遺産化推進母体　文化遺産
↓
市町村
自然保護団体（NGO）　　　教育文化関係団体（NGO）
↓
都道府県
教育委員会文化課

自然公園法　　　　　自然環境局　　　　　　　　文化財部　　　　文化財保護法など
自然環境保全法など
中央環境審議会　　　環境省　　　　文化庁　　　文化審議会
自然環境部会　　　　　　　　　　　　　　　　　文化財分科会

世界遺産条約関係省庁会議　　外務省，文化庁，環境省
　　　　　　　　　　　　　　国土交通省，内閣府，林野庁

外務省　文化交流部　推薦書

ユネスコ世界遺産センター

シンクタンクせとうち総合研究機構　発行

世界遺産の課題と展望

世界遺産条約採択30周年

　1972年に世界遺産条約が採択されてから2002年で30周年を迎えました。この30年の間に「世界遺産」が社会の発展に果たした役割は大きく，人類共通の財産を地球規模で守り，次世代へ継承していこうという考え方が根付いてきているようです。

　一方，30年の間には，様々な課題も見えてきました。1994年の世界遺産委員会では，当面する重点課題を検討し，グローバル・ストラテジー（Global Strategy　世界遺産の地域的な均衡を図り，世界の多様な文化が反映した豊かな内容の世界遺産リストとする為の戦略）を発表し，問題の解消に一つの指針が示されました。また，1999年の総会では「世界遺産の代表性を確保する方法と手段」という方針が決定されました。つまり，(1) まだ，世界遺産に登録されていない新たな分野に焦点をあてること，(2) 物件の価値を厳格に捉えるとともに，世界遺産の不均衡是正の対策をして登録数の多い国は推薦を自粛すること，(3) 推薦国政府が保護に対してその持てる限りの手段で全力を注いでいることの証明が示されるまでは登録は差し控えることといった内容です。

　2002年6月に開催された第26回世界遺産委員会ブダペスト会議で，「ブダペスト宣言」が採択され，今後，世界遺産条約がさらに多様な遺産に適用されるように，また，効率的な物件の保護を推進することが重要であるとの見解が示されました。

登録物件数の地域的不均衡

　登録物件数の地域的な不均衡については，度々話題になってきました。つまり，登録物件がヨーロッパや北アメリカに偏重している点です。グローバル・ストラテジーが示された後も2003年1月現在，730物件ある世界遺産のうち，半数以上にあたる374物件がヨーロッパ・北アメリカ地域の登録物件となっています。歴史的背景などを考えると，ある程度の遺産の集中は致し方のないことなのかもしれませんが，今後は，アジア，アフリカ地域や南米・カリブ海地域にある貴重な遺産の登録も推進し，地域的偏りが少なくなるようにしなくてはなりません。そのためには，新たな分野の世界遺産にもスポットを当て，推薦，登録に協力する体制も必要だと思います。

自然遺産と文化遺産の数の不均衡

　また，自然遺産と文化遺産の数の偏重も指摘されている点です。730物件のうち，自然遺産は144物件，文化遺産は563物件，複合遺産が23物件ですから，文化遺産が自然遺産の4倍近い数を占めていることになります。逆に，「危機にさらされている世界遺産」に登録されている物件が33物件ありますが，そのうち半数以上の18物件が自然遺産で，こちらのほうは，自然遺産の割合のほうが高くなっています。

　自然遺産は，その生態系などを完全に維持するためにはある程度の面積が必要になるわけで，その保護，管理が文化遺産に比べて難しいという側面があります。そのために，登録に際してのハードルも高く，2002年6月の第26回世界遺産委員会では，ノミネートされた自然遺産候補の3物件は，すべて登録見送りとなりました。

　両遺産の性格上，数字だけで比較するには無理が生じるのですが，生態系は，特に一つの国だけで保護・保全できるものでなく，地球規模で保護しなくてはならないという視点からすれば，自然遺産の登録数が今後，国や地域を超え増えていくことが望まれます。

締約国から登録物件を推薦するというシステムの弊害

　世界遺産があくまでも自国からの推薦を経て審議，登録されるというシステムである以上，遺産登録のための必要条件である「自国での保護・管理体制」が充分でない途上国や，遺産保護に熱心でない国は，なかなかユネスコ世界遺産センターへの推薦ができないという問題が生じてきます。1983年に，アフガニスタンのバーミヤンの石窟群などがノミネートされた時，文化的価値としては世界遺産としてふさわしい物件であったにもかかわらず，書類の不備，登録範囲や遺産の保護・管理体制上の課題が指摘され，結局，登録が見送りになったいきさつがありました。その後のタリバーンによる石窟の破壊のニュースは，記憶に新しいことで，世界中に衝撃を与えました。もしも，あの時バーミヤンの石窟群が世界遺産に登録されていたなら，もしかしたら被害は最小限に食い止められていたのかもしれません。

　こういう苦い教訓を踏まえて，2002年6月の第26回世界遺産委員会ブダペスト会議では，アフガニスタンの「ジャムのミナレットと考古学遺跡」が登録されました。アフガニスタンとしては初めての登録物件で，この物件は，今後の保護・管理体制を整え保存プランを作るという約束のもとに特例で登録され，同時に「危機にさらされている世界遺産」にも登録されたのです。

　世界遺産条約に締約している国の責務は，前述しましたが，国内の世界遺産を保護する義務を認識し，保護に協力し，国際社会全体の義務と認識し，自国民への教育・広報活動に努めることです。そういった責務が充分に果たされていない場合は，たとえ世界遺産条約に締約しても，世界遺産がひとつもないということになります。

世界遺産に推薦するための協力

　今後，途上国が自国の遺産を推薦するための援助，つまり，保護や保存の技術面ばかりでなく，法律の整備，推薦目録や地図などの作成への専門的なアドバイス，地域住民への遺産保護への働きかけなどを行い，登録されるべき価値のある遺産がスムーズに登録されるような仕組みを作らねばなりません。

　同時に忘れてはならないのは，世界遺産条約を締約していない国・地域にも，数多くの素晴しい物件があり，その中には干ばつなどの自然災害や，飢餓，貧困，人種や民族間の紛争，領土問題などで深刻な保存の危機に直面しながら放置されているものが少なからず存在するということです。世界遺産条約の趣旨からすれば，こうした国や地域に対して条約締約を勧めるなどの働きかけは重要だと思います。

危機にさらされた場合の緊急措置

　また，テロ行為，紛争などの人災，また，地震，洪水などの天災に見舞われた場合には，速やかに緊急措置が発動されるような仕組みづくりが重要です。

　2002年8月，欧州中部での集中豪雨により，チェコ，オーストリア，ドイツなどにある世界遺産地も大きな被害を受けました。特に被害の大きかったチェコのプラハでは，ブルタバ（モルダウ）川の水位が上がり，町のシンボルであるカレル橋が水没しました。ユネスコでは，早速緊急援助，技術援助の表明をして救援に乗り出しました。この時は，わが国の外務省からも災害救援物資の援助の手が差し伸べられました。

　このように，既に世界遺産に登録されている物件へ被害が及んだ場合は，緊急措置の発動もされやすいでしょうが，アフガニスタンでの例でもいえるように，未登録の遺産が危機にさらされた場合，その対応策や，援助の方法，さらには，既登録物件も含め，「危機にさらされている世界遺産」への登録手続きをいかに迅速に的確にするか，その仕組みづくりを検討することが必要です。

世界的な自然保護や文化財保護についての技術協力や文化無償協力の促進

「危機にさらされた世界遺産」やその他の援助の必要な物件に関しては，世界遺産基金からの資金援助がおこなわれますが，その金額は遺産全体を保護するにはあまりにも少額のものです。世界遺産基金からの援助とは別に，各国からの技術協力や文化無償協力の促進をはかり，特に開発途上国への協力体制を整えたいものです。

世界遺産基金の充実と世界銀行等との連携

世界遺産基金も，金額ももちろんですが，その使用目的，援助先など，本当に必要とされている国や遺産に対して使われるようにしたいものです。世界銀行等との連携により，より基金が充実するよう期待します。

世界遺産の数はどこまで増える？

2003年1月現在，世界遺産の数は730物件になっています。今後，ただ締約国から推薦された物件を審議・審査し，登録するだけでは，この調子でいけば，1000物件になるのもそう遠くないのでしょう。しかし，世界遺産はその数の多さを競うものではありません。これからは，既に登録されている物件の類似物件，同一カテゴリーの物件との比較分析をより慎重に行う必要があります。締約国での登録推薦段階から物件を厳選，精選し，代表性の確保できる物件のみを推薦するといった措置が必要になってきます。

世界遺産委員会では，今後の登録は，新規登録国を除いて，原則として1か国について1物件，新登録は最高で30物件に留めるとの具体的数字も挙がっています。今後は，申請から審議までの全段階で，数が絞り込まれ，あらゆる分野からより厳選した質の高い世界遺産が登録されていくことが期待されます。

経済開発と環境保全のあり方

動物や植物が生息する上では，自然環境との共存が不可欠です。森は，動物を養い，動物によって森が育まれるといった図式が自然界の長い歴史の中で繰り返されてきました。森や草原などでは，動物や植物などあらゆる生き物がお互いに生きることで作用し合い，生態系が保たれているのです。

人類は，昔から現在に至るまで，自然環境と闘い，或は調和を図りながら生活し，そこに文明や文化を形成してきました。しかし，最近の都市化や開発の流れは，もっぱら経済的な発展を追及してきたために，周囲の環境への配慮が欠けているように思います。生態系のサイクルが人類の開発により破壊されてきているのです。

「危機にさらされている世界遺産」への登録物件の中で，自然遺産の割合が高いのも，自然生態系は，いったん破壊されてしまうと二度と元に戻らない，生態系を人間が作り出すことはできないからなのでしょう。

たとえば，アメリカ合衆国のエバーグレーズ国立公園は，フロリダ半島南部に広がる大湿地帯ですが，周辺の農業開発や人口の増加などで水質が汚染され，ミシシッピワニやフロリダピューマなどの希少動物が絶滅の危機に瀕し，「危機にさらされている世界遺産」に登録されました。現在，生息数を増やそうと必死の保護作戦が繰り広げられていますが，その環境を元通りにするためには，長い時間が必要になるでしょう。また，独特の生態系をもつことでその価値が認められている太平洋上の「ガラパゴス諸島」は，魚の乱獲や人間が持ち込んだ新たな動植物により，島本来の生態系が脅かされています。エクアドル当局は，周辺の海域の保護を強化し，2001年には世界遺産の登録エリアも拡大しました。それにより，今のところ「危機遺産」への登録は回避されています。

世界遺産に登録された核心地域や緩衝地域でなくても，その周辺で道路や工場の建設などの都市開発が行われると，生態系が崩れ，様々な影響がでてきます。ロシアの「バイカル湖」も周辺での工場建設などによる水質汚染が指摘されたり，メキシコの「エル・ヴィスカイノの鯨保護区」では，製塩工場建設の影響が懸念されました。ユネスコでは，そういった潜在危険を素早く見極め，警告を発したり開発中止を勧告したりしています。

　今後，開発を行う上では，生態系へ与える影響について，その因果関係を，広く地球規模，宇宙規模で検証しながら慎重に行う必要に迫られているように思います。

保存と観光との両立の悩み

　世界遺産登録地の共通の悩みは，遺産の保存と周辺地域の活性化にもつながる観光をどのように両立させればよいかということでしょう。世界遺産は，本来は，その美しさを愛でるだけのものではなく，かけがえのない人類の宝を保護し，次世代に継承するといった趣旨のもとに登録されているものです。しかし，現実には観光産業がもたらす富なくして遺産を保護できるほどの余裕のある国はほとんどありません。多くの国や遺産地の自治体では，民間の協力を得て，遺産を公開することにより得られる収入が，貴重な遺産保護の財源になっているのです。

　イタリアのポンペイ遺跡は，日本人も多く訪れるなじみの深い遺跡のひとつですが，ここでは，観光客の多い割に，維持が手薄で，遺跡へのいたずらや美術品盗難の心配も出ています。ポンペイほどの有名な遺跡でも，入場料収入だけでは，修復・保存には充分な収入とはいえず，観光客の良心に訴えながら，ガイドシステム等ソフト面でのサービス向上，その他の施設の充実に努めています。その他の国も，ポンペイ遺跡同様に，保存と観光との両立に頭を痛めているのが現状です。

　観光と保存が相乗効果をもたらすためには，遺産保護の必要性を訴え，心無い観光客をなくし，遺産のもつ顕著な普遍的価値が失われないよう工夫を凝らさねばなりません。

　フランスの「ヴェゼール渓谷の装飾洞穴」は，ラスコーの洞窟の壁画で知られていますが，本物は保存のため閉鎖されており，すぐそばに複製である「ラスコー2」を見学施設として公開しています。こうした施設の建設は，遺産の重要性を学ぶこともできるので評価できる方策です。

　一方，ルーマニアのシギショアラは，「シギショアラの歴史地区」として1999年に世界遺産登録された物件ですが，この地は，吸血鬼ドラキュラのモデルといわれるブラド公の誕生地として知られています。経済改革が遅れ，欧州統合の波にも乗り遅れているルーマニア政府が，2002年，観光客誘致の切り札としてドラキュラをテーマにした「ドラキュラ・パーク」の建設を計画しました。これに対し，ユネスコも史跡へ悪影響を与えるとの懸念を示し計画に難色を示しています。世界遺産の名に便乗した悪しき観光政策の一例だといえましょう。

　経済開発にしても観光政策にしても，遺産に及ぼす影響を考慮しつつ進めなければなりません。遺産は過去からの贈り物であり，未来からの借り物であることを常に念頭におくべきだと思います。

「人類の口承及び無形遺産の傑作の宣言」との連携と結節

　ユネスコは，「世界遺産」とは別のカテゴリーとして，2001年に「人類の口承及び無形遺産の傑作の宣言」を発表しました。いわゆる無形版の「世界文化遺産」にあたります。その概要については，次章で述べていますが，今後は，この「人類の口承及び無形遺産の傑作の宣言」との連携も強化していく必要があるでしょう。

　自然と文化が互いに補完関係にあるという世界遺産条約の趣旨の中に，有形の遺産と無形の遺産も互いに影響を及ぼしながら発展しているという考え方を盛り込んで，有形の遺産と無形の遺産が総合的に保護されるような仕組みづくりも検討されるべき課題だと思います。

人類の口承及び無形遺産の傑作

能楽 (Nogaku Theatre)
2000年指定　日本
能楽は，8世紀がその起源で，笛，小鼓，大鼓，太鼓の伴奏音楽にのせ，
謡い舞って進行する音楽劇の「能」と，
滑稽なセリフ劇の「狂言」により構成されている。(写真) 厳島神社の神能

「人類の口承及び無形遺産の傑作の宣言」の規約の採択

1997年に開催されたユネスコの第29回総会において、「人類の口承遺産の傑作」の宣言という国際的栄誉を設けるための決定が採択され、その後、1998年の第154回執行委員会会議において、「及び無形」を付け加えた「人類の口承及び無形遺産の傑作の宣言」（proclaiming masterpieces of the oral and intangible heritage of humanity）の規約が採択されました。

口承・無形遺産とは

口承・無形遺産とは、実施ガイドラインによると、「文化的共同体の、伝統に基づいた創造物の総体」のことで、これは、「団体または個人によって表現され、かつ、共同体の期待が、その文化的・社会的な同一性を反映する限りにおいてその共同体の期待に応えるものと認識されるものであり、その規範や価値を模倣その他の方法による口承により伝承されるものである。その形態は、なかんずく、言語、文学、音楽、舞踊、遊戯、神話、儀礼、慣習、手工芸、建築及びその他の技芸である。これらの例の他に、伝統的な情報伝達の形式が考慮される」こととされています。

つまり、無形の「世界文化遺産」といえるもので、文化の表現形態、すなわち各地で綿々と受け継がれてきた言語、文学、音楽、舞踊、遊戯、神話、儀礼、慣習、手工芸、建築及びその他の技芸など、また、物語や儀式、市場、フェスティバルなどが行われる文化空間のことを指しています。

「人類の口承及び無形遺産の傑作の宣言」の生まれた背景とその目的

グローバル化の進む今の時代においては、長年受け継がれてきた多様な伝統ある文化が、画一化しつつあり、没個性化してきています。また、武力紛争、観光、産業化、過疎化、移住、それに環境の悪化などの理由によって、消滅の危機や脅威にさらされています。

世界各地で、このような伝統ある文化や文化を発信する空間が失われつつあるということは、大変憂慮すべきことです。「世界遺産」が、有形の不動産を対象にしていることを考えると、その地で育まれてきた無形の文化がないがしろにされてしまっては、何の意味もありません。そのような伝統文化、口承で引き継がれてきた無形の遺産を、守り、保護し、発展させ、未来へ継承しようということから、この宣言が生まれたのです。

また、西欧に偏重しがちな世界遺産のもう一方の軸として、より失われやすく保護を必要とする第三世界の文化を守り活用するという意味も込められています。

ユネスコは、これらの「口承・無形遺産の傑作」を讃えるとともに、政府、NGO、地方自治体に対してその継承と発展を図ることを奨励することを目的に、2年毎に「人類の口承及び無形遺産の傑作」として宣言し、リストを定期的にユネスコの加盟国などに配布することを決めました。

これまでの経緯

1998年、「人類の口承及び無形遺産の傑作の宣言」規約が採択された後、ユネスコは、各国に対し、第1回目の傑作宣言の候補案件を2000年12月末日までに提出するよう要請しました。推薦候補案件は、2年毎に1件。併せて今後10年間にわたって申請を計画している暫定リストを提出するようになっています。

これを受けて、各加盟国では、申請候補を検討し、32件の物件が提出されました。わが国は、成立年代が最も古く古典的形式の整った芸能である「能楽」を推薦候補とし、「人形浄瑠璃文楽」及び「歌舞伎」を暫定リストとして、外務省を通じてユネスコに提出しました。

ユネスコでは、これら「能楽」などの各加盟国から提出された32件の候補について、選考委

員会による審査を行い，2001年5月に第1回の宣言がなされ，20か国からの19件が初指定されました。

応募の対象と資格

　応募の対象は，「文化空間」(物語，儀式，市場，フェスティバル等の大衆・伝統文化活動が行われる場所，或は，日常の儀式，行列，公演などが定期的に行われる時間)，そして「文化の表現形態」(言語，文学，音楽，舞踊，遊戯，神話，儀礼，慣習，手工芸，建築及びその他の技芸）となっており，ユネスコ加盟国及びユネスコ準加盟国の政府のほか，政府間組織，ユネスコと公式の関係をもつ非政府組織（NGO）が応募する資格を有します。

　但し，関係共同体及び保持者の合意を証明する書面による文書，映像，音声記憶，または，明白な証拠がない場合には，いかなる応募も行うことができません。

応募方法

　ユネスコ加盟国は，2年に1件のみ候補を申請することができます。複数のユネスコ加盟国にまたがる共同体に係る多国間の応募は，各国の割当数に加えて申請できます。

　申請にあたっては，推薦候補の保存・保護のための対応策などの書類を添付します。これらの手続きなどの事務局は，ユネスコ文化局無形遺産課が担当となります。

審査の手順

　各加盟国から提出された候補については，まず，NGOの専門機関による事前審査が行われます。そのNGOとは，国際伝統音楽協議会（ICTM＝International Council for Traditional Music），言語学常設国際委員会（PICL＝Permanent International Committee of Linguists），国際社会科学協議会（International Council of Social Sciences），国際哲学・人間学協議会（International Council for Philosophy and Humanistic Studies），国際法科学協議会（International Association of Legal Sciences），国際人類・民族科学技術連合（IUAES＝International Union of Anthropological and Ethnological Sciences）などの科学・技術関連NGOで，各専門分野について審査します。

　その後，ユネスコが設ける国際審査委員会による審査を行います。ユネスコ事務局長は，加盟国，資格のあるNGO，ユネスコ事務局の提案に基づいて，4年毎に18人のメンバーを指名し国際審査委員会を組成します。第1回目は，ユネスコ事務局長が任命した下記の18人の委員（委員長はスペインの作家のゴイティソーロ氏　委員の一人は日本の林田秀樹国立科学博物館長）で，国際審査委員会を構成しました。

- Hasan M. AL-NABOODAH（アラブ首長国連邦大学教授，ザイード遺産・歴史センター所長）
- Aziza BENNANI（大学教授，モロッコのユネスコ大使）
- Basma BINT TALAL（ヨルダン王国王女）
- Georges CONDOMINAS（文化人類学者）
- Anzor ERKOMAICHVILI（民俗学者，合唱団団長，グルジア州立文化研究所教授）
- Carlos FUENTES（作家）
- Juan GOYTISOLO（作家）
- Hideki HAYASHIDA（国立科学博物館長）
- Ugne KARVELIS（作家，リトアニアのユネスコ大使）
- Alpha Oumar KONARE（マリ大統領）
- Richard KURIN（スミソニアン研究所民俗芸能・文化遺産センター所長）
- Olive LEWIN（ピアニスト，民族音楽学者，ジャマイカ・青年オーケストラ指揮者）
- Ronald Muwenda MUTEBI II（ブガンダ・カバカ位）

- J. H. Kwabena NKETIA（アフリカ部門音楽国際協議会会長）
- Ralph REGENVANU（人類学者，バヌアツ文化センター所長）
- Dawnhee YIM（歴史学教授，韓国東国大学女性学部長）
- Zulmar YUGAR（歌手，ボリビア国立大衆伝統文化協議会名誉理事長）
- Munojat YULCHIEVA（ウズベク伝統音楽歌手）

選考基準

　審査にあたっては，類ない価値を有する無形文化遺産が集約されていること，歴史，芸術，民族学，社会学，人類学，言語学または文学の観点から，類ない価値を有する民衆の伝統的な文化の表現形態であること，という選考基準が設けられています。

　また，選考の着眼点として，類ない価値，文化的伝統に深く根差していること，社会的役割，卓越した特殊技能，独自性，消滅の危険性を重視します。

世界遺産との違い

　「人類の口承及び無形遺産の傑作」は，ユネスコの世界遺産条約に準拠する遺跡，建造物群，モニュメントなどの有形文化遺産を対象としたいわゆる「世界遺産」とは範疇が異なるものです。しかし，「世界遺産」が有形で，「人類の口承及び無形遺産の傑作」は無形である，という対比で考えると，その違いを比較することも可能です。

　法的根拠でいえば，「人類の口承及び無形遺産の傑作」は，1989年に採択された「伝統文化及び民間伝承の保護に関する勧告」に準拠しており，世界遺産条約のような条約も未だ制定されていません。また，「世界遺産基金」の様な制度はなく，国際援助は，財源は自主的な拠出金のみで賄われます。保護援助については，トラスト基金からの賞の授与などが行われる程度です。但し，加盟国からのリクエストがあれば，準備援助として，最高額で20,0000ドルが支給されます。

　その他，申請は2年毎で，しかも各加盟国1件ずつという数の制限もあり，このような点でも「世界遺産」とは違っています。

　もっとも，この「人類の口承及び無形遺産の傑作の宣言」も，まだ誕生したばかりですから，条約制定の動きなどを含め，制度が改善されてくるものと思われます。

わが国の対応と今後の課題

　前述したように，わが国では，ユネスコの要請を受け，文化審議会にて推薦候補の調査審議を行いました。そして，2000年12月，「能楽」を推薦候補に，「人形浄瑠璃文楽」及び「歌舞伎」を暫定リストとして提出しました。これらは，いずれもわが国の音楽や美術，文学，歴史など多様な文化が長年にわたり総合的に集積されたもので，日本人の季節感や自然観，日常の生活心情を反映したわが国を代表する伝統的舞台芸能であり，国民的・国際的にも広く知られているものです。「能楽」は，3つのうち，成立年代が最も古く，古典的形式の整ったもので，最初の推薦候補となり，2001年5月，第1回の「人類の口承及び無形遺産の傑作の宣言」で登録されたのです。

　2002年5月には，第2回の候補として「人形浄瑠璃文楽」を推薦することが決まり，2003年6月に開催されるユネスコ国際審査委員会で指定を受ける予定です。

　今後，重要無形文化財の工芸技術や重要無形民俗文化財からの推薦については，諸外国の動向も見極めつつ検討を進める必要があります。なお，その場合，地域を越えた横断的な捉え方の可能性（例えば，「日本の陶芸」，「日本の神楽」などと大括りして推薦すること）などについて整理することが前提となるでしょう。

今後の方向性

　ユネスコは，将来的に，「人類の口承及び無形遺産の傑作」に関しても世界遺産条約のような国際条約を制定したい考えをもっており，専門機関で検討が進められています。法的な制度が整えば，「世界遺産」との連携もスムーズに進むのではないでしょうか。

　近年，無形遺産的な価値が，世界遺産リストへの登録の重要な要素となるケースが増えており，世界遺産条約が無形遺産の保護に関しても大きな役割を果たしています。例えば，モロッコの「ジャマ・エル・フナ広場の文化空間」は，「マラケシュのメディナ」として世界遺産に登録されているマラケシュのメディナ（旧市街）にある広場です。そこで繰り広げられる大道芸が評価され，「人類の口承遺産の傑作」に登録されたわけです。その他，大韓民国・ソウルの「宗廟の祭礼と祭礼楽」は，「宗廟」として，フィリピン・コルディリェラの「イフガオ族のフドフド詠歌」は，「フィリピン・コルディリェラ山脈の棚田」として，スペイン・エルチェの「エルチェの神秘劇」は，「エルチェの椰子園」として，同じ場所が世界遺産に登録されており，世界遺産の登録物件との関わりが深いといえます。

　将来は，有形遺産（Tangible Heritage）と無形遺産（Intangible Heritage）に分離しないで，一体の文化遺産としてとらえる視点も必要なのではないでしょうか。

世界遺産と無形遺産との比較

世界遺産		口承及び無形遺産
ユネスコの世界遺産リストに登録された顕著で普遍的価値をもつ自然環境や遺跡，建造物群，記念物	定義	文化共同体の，伝統に基づいた創造物の総体
かけがえのない遺産を損傷の危機から守る為にその重要性を広く世界に呼びかけ，保護・保全の為の国際協力を推進する。	目的	グローバル化により失われつつある多様な文化を守るため，「口承・無形遺産の傑作」をたたえ，その継承と発展を呼びかける。
有形の不動産（自然遺産，文化遺産）	対象	文化の表現形態（言語，文学，音楽，舞踊，儀礼，慣習，手工芸，建築など）
世界遺産条約締約国	応募資格	ユネスコ加盟国，準加盟国の政府 政府間組織 ユネスコと公式関係にあるNGO
毎年（推薦書類提出）	申請方法	2年毎
世界の文化文化遺産および自然遺産の保護に関する条約（世界遺産条約）(1972年)	準拠する法律	伝統文化及び民間伝承の保護に関する勧告（1989年）→　条約制定を検討中
NGOの専門機関 （IUCN，ICOMOS，ICCROM）	事前評価	NGOの専門機関(国際伝統音楽協会,言語学常設国際委員会,国際社会科学協議会,国際哲学・人間学協議会,国際法科学協議会,国際人類・民族科学技術連合)
世界遺産委員会（委員国21か国）	審査機関	国際審査委員会（18名）
毎年1回（6月の世界遺産委員会）	登録	2年毎　ユネスコ加盟国毎に1件
世界遺産基金	財源	自主的拠出金
ユネスコ世界遺産センター	事務局	ユネスコ文化局無形遺産課

人類の口承及び無形遺産の傑作

The Cultural Space of Djamaa el-Fna Square
（ジャマ・エル・フナ広場の文化空間）
マラケシュにあるこの広場では、曲芸師、音楽家、魔術師、動物使い、舞踊家、コメディアンなどの大道芸人が集まり、熱気に満ちた空間を創り出している。
2000年　モロッコ

Georgian Polyphonic Singing（グルジアの多声合唱）
12〜14世紀のグルジア・ルネサンスの時代に発展した多声合唱。大変複雑な歌声のハーモニーを奏で、多くの聴衆を魅了している。
2000年　グルジア
（写真）男性2人のソリストと男性多声合唱隊から構成されるグルジアン・ポリフォニー

Cross Crafting and its Symbolism in Lithuania
(リトアニアの十字架工芸とそのシンボル)
花模様や幾何学模様をあしらった高さが1.2～2mの十字架は，キリストや聖人の彫像で飾られ，リトアニア国内の泉や十字路の近くの森や原野に数多く立てられている。
2000年　リトアニア

The Cultural Space of the Boysun District
(ボイスン地方の文化空間)
小アジアからインドへの交通路にある地方で，ゾロアスター教の影響を感じさせる民謡，舞踊，音楽などが，結婚や葬儀などの伝統的儀式の中に息づく。
2000年　ウズベキスタン
(写真)第1回野外民俗芸能フェスティバルボイスン・バホリの開会式

人類の口承及び無形遺産の傑作

Kunqu Opera（昆劇）
700年以上の歴史がある昆劇は，文学，舞踊，音楽，戯劇を一体化した芸術表現を行うもので，その後の京劇や数多くの地方戯曲に大きな影響を与えた。
2000年　中国

Royal Ancestral Rite and Ritual Music in Jongmyo Shrine
（宗廟の旧王朝儀礼と儀礼音楽）
宗廟（チョンミョ）は，李氏朝鮮王朝500年の歴代国王と王妃を祭った霊廟であり，世界遺産にも登録されている。毎年5月に開催される李朝王家の末裔達の集いである宗廟大祭で宗廟祭礼楽は披露される。
2000年　大韓民国

Opera dei Pupi, Sicilian Puppet Theatre
(オペラ・デイ・プーピ，シチリアのあやつり人形劇)
19世紀初期にシチリア島で発展した大衆芸能。1mほどのあやつり人形を上から糸で操り，中世騎士道物語などのストーリーを披露する。
2000年　イタリア

The Oruro Carnival（オルロ・カーニバル）
ボリビア西部のアンデス高原地帯の中にあるオルロ市で毎年開催されるカーニバル。ブラジルのリオのカーニバル，ペルーのクスコのインティ・ライミの祭りと並ぶ南米三大カーニバルのひとつ。
2000年　ボリビア

人類の口承及び無形遺産の傑作

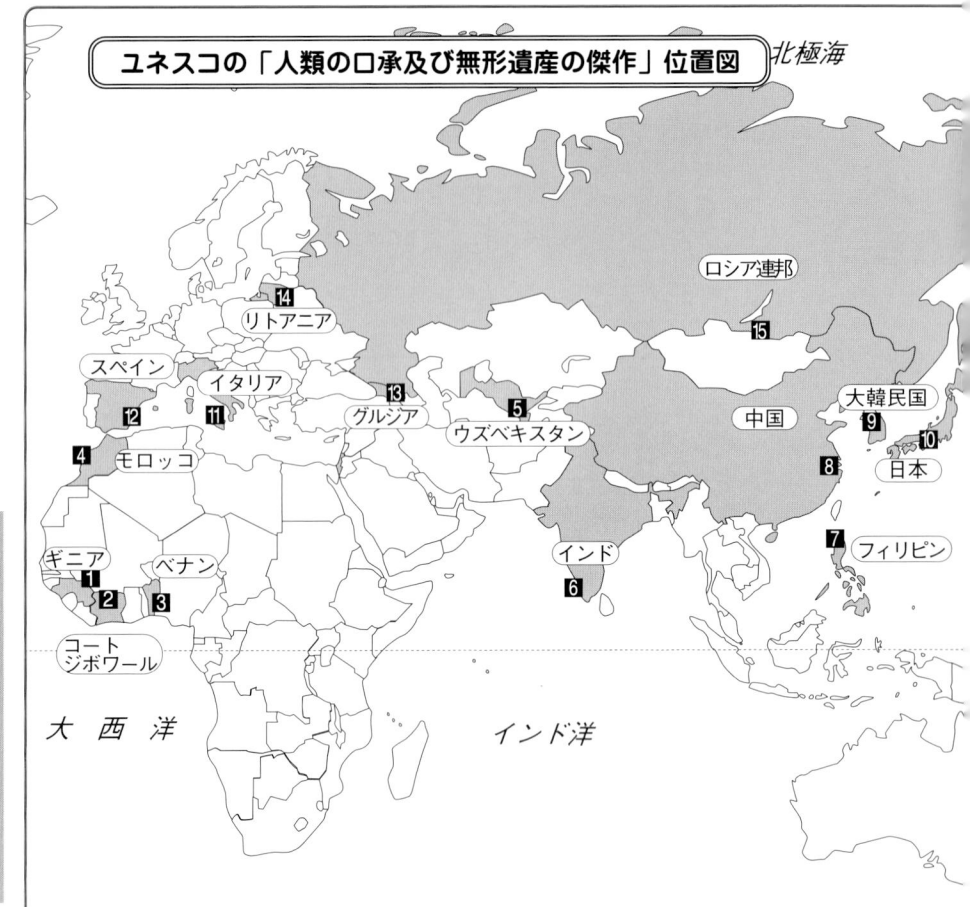

世界遺産入門―過去から未来へのメッセージ―　「人類の口承及び無形遺産の傑作」位置図

ユネスコの「人類の口承及び無形遺産の傑作」位置図

北極海

14 リトアニア
スペイン
イタリア
13 グルジア
5 ウズベキスタン
ロシア連邦 15
中国
大韓民国 9
10 日本
4 モロッコ
8
1 ギニア　2 ベナン　3
コートジボワール
6 インド
7 フィリピン

大西洋　インド洋

人類の口承及び無形遺産の傑作

1. The Cultural Space of 'Sosso-Bala' in Niagassola（ニアガッソラのソッソ・バラの文化空間）ギニア
2. The Gbofe of Afounkaha : the Music of the Transverse Trumpets of the Tagbana Community（アフォンカファのグボフェ：タグバナ族の横吹きトランペット音楽）コートジボワール
3. The Oral Heritage of Gelede（ゲレデの口承遺産）　ベナン＜ナイジェリアとトーゴが支持＞
4. The Cultural Space of Djamaa el-Fna Square（ジャマ・エル・フナ広場の文化空間）モロッコ
5. The Cultural Space of the Boysun District（ボイスン地方の文化空間）　ウズベキスタン
6. Kuttiyattam Sanskrit Theatre（クッティヤターム　サンスクリット劇）　インド
7. Hudhud Chants of the Ifugao（イフガオ族のフドフド詠歌）　フィリピン
8. Kunqu Opera（昆劇）　中国
9. Royal Ancestral Rite and Ritual Music in Jongmyo Shrine（宗廟の祭礼と祭礼楽）　大韓民国
10. Nogaku Theatre（能楽）　日本
11. Opera dei Pupi, Sicilian Puppet Theatre（オペラ・デイ・プーピ，シチリアの操り人形劇）　イタリア

世界遺産入門―過去から未来へのメッセージ―　「人類の口承及び無形遺産の傑作」位置図

人類の口承及び無形遺産の傑作

12 The Mystery Play of Elche（エルチェの神秘劇）　スペイン
13 Georgian Polyphonic Singing（グルジアの多声合唱）　グルジア
14 Cross Crafting and its Symbolism in Lithuania（リトアニアの十字架工芸とそのシンボル）
リトアニア＜ラトビアが支持＞
15 The Cultural Space and Oral Culture of the Semeiskie（セメイスキエの文化空間と口承文化）
ロシア連邦
16 The Cultural Space of the Brotherhood of the Holy Spirit of the Congos of Villa Mella
（ヴィッラ・メラのコンゴの聖霊兄弟会の文化空間）　ドミニカ共和国
17 The Garifuna Language, Dance and Music（ガリフナの言語，舞踊，音楽）
ベリーズ＜ホンジュラスとニカラグアが支持＞
18 The Oral Heritage and Cultural Manifestations of the Zapara People
（ザパラ人の口承遺産と文化表現）　エクアドルとペルー
19 The Oruro Carnival（オルロ・カーニバル）　ボリビア

シンクタンクせとうち総合研究機構

過去から未来へのメッセージ

タージ・マハル
(Taj Mahal)
文化遺産(登録基準(ⅰ))　1983年登録　インド
ムガール帝国5代の皇帝シャー・ジャハーンが、亡くなったムムターズ・マハル王妃の為に
1632年から約22年かけて造営した霊廟。

世界遺産は時代を経た自然や人間の所産

　今や，世界遺産を有する国も120か国を越え，その数も700物件以上になっています。地球上には，過去から受け継いできた人類の至宝がちりばめられています。その数も種類も多様な分野にわたっていることは，これまでに述べてきた通りです。地球の起源となるもの，人類の起源を示すもの，文明のはじまり，宗教建築物，産業遺産，歴史都市‥‥
時代を超えて自然や人間の作り出した所産，それが「世界遺産」といえるのでしょう。

世界遺産は国土・地域・まちづくりの原点

　最近では，いわゆる「世界遺産登録運動」なるものが，各地域において繰り広げられているようです。地域の自然や文化を世界に向けてアピールするには，絶好の機会なのでしょう。しかし，世界遺産は，単に，ユネスコの世界遺産に登録され，国際的な認知を受けることだけが目的ではありません。人類の財産として，国内的にも恒久的に保護・保存し，整備し，次世代に継承していくことが自国に課された義務でもあるのです。

　「世界遺産」を，単なる観光振興や，知名度アップのためのキーワードにしてはなりません。世界遺産条約の趣旨をよく理解し，まず，自分たちの身近な自然や文化を見つめ直し，その大切さを知り，次の世代へバトンタッチしていくという意識こそが重要なことなのです。身近な自然や文化が，いかに私たちの暮らしに息づいているか，その歴史と背景を学ぶ姿勢を培いたいものです。

　何度も述べてきましたが，世界遺産に登録されるためには，地道で長い時間と作業を伴います。そして，登録後も厳しい保護・管理が求められます。この考え方は，国民生活や地域社会において，国土づくり，地域づくり，まちづくりに生かすことができるはずです。国土，地域，市町村の総合計画，環境基本計画，地域防災計画などの諸計画にも反映し，かつ，地域振興にも活用していくことができます。まさに，世界遺産は，国土・地域・まちづくりの原点といえるのではないでしょうか。

　文化のアイデンティティは，その民族が生活してきた自然環境の中で培われてきたものであり，また，その自然環境は，民族の数世紀に及ぶ歴史の足跡を残しているものです。世界遺産条約の背景にあるものは，こうした現在の自然や文化は，未来の世代からの借り物だということです。ですから，その保護を怠った場合，人類の未来はありえないということになります。

世界遺産学のすすめ

　私たちが世界遺産のことを知ろうとする時，まずどんなことを学ぼうとするでしょうか。世界遺産のある国や物件の位置，自然環境や生態系，気候，風土，歴史的背景，人間と遺産とのかかわりなど，実に様々な分野から多くのことを学ぶことができます。世界遺産を通じて学ぶ，学際的で博物学的なものである学問を「世界遺産学」といいます。

　「世界遺産学」は，自然学，地理学，地形学，地質学，生物学，生態学，人類学，考古学，歴史学，民族学，民俗学，宗教学，言語学，都市学，建築学，芸術学，国際学，法律学，環境経済学など，地球と人類の進化の過程を学ぶ総合学問であり，いわば「学びの森」でもあります。

　世界遺産を有する各々の国は，気候，地勢，言語，民族，宗教，歴史，風土など異なっていますが，それぞれに，すばらしい芸術，音楽，文学，舞踊，美術などの伝統文化も根づいています。

　遺産そのものの内容を学ぶ時，それらの背景にある様々な分野の学問から得られる知識を総合すれば，つながりや類似性，或は，違いや独自性を発見したりすることもあるでしょう。世界観，国家観，民族観，宗教観，平和観も新たなパラダイムへの転換が必要で，その視座の一つが，地球市民としての「世界遺産学」なのです。

この様な視点で物事をとらえた場合，現代社会，そして，政治，経済のシステムも矛盾している側面も見当たります。これからの学校教育（教科課程や履修課程，それに総合学習や自由研究など）や社会教育（生涯学習や地域学習）のカリキュラムやテーマに，「世界遺産学」を採り入れていくことも必要なことではないでしょうか。

　「学ぶ」ということは，「理解」することにつながります。世界遺産を通じて，これら様々な分野の学問にアプローチしてゆけば，ひいては，真の国際理解にもなり，平和の礎となりうるのではないでしょうか。

　「世界遺産学」をおすすめしたいと思います。

世界遺産学の木

人類学、宗教学、歴史学、言語学、芸術学、考古学、生態学、地質学、文学、都市学、地形学、法律学、舞踊、民俗学、建築学、環境経済学、音楽、美術、生物学、民族学、地理学、国際学、自然学

ユネスコ世界遺産を通じての総合学習

　現在盛んに提唱されている総合学習は、まさに「世界遺産学」そのものにあたります。

　世界遺産の素晴しさ、世界遺産の鑑賞、美学を学ぶことはもちろん、多くの世界遺産を知ることは、世界遺産の多様性、多様な世界の国と地域の民族、歴史、地理、生活、産業を学ぶことにつながります。地球の誕生、活動、歴史を知り、人類の業績、所業、教訓を心に刻み、世界遺産と人間との関わりを考えると、世界遺産保護の大切さと共に、世界平和の大切さを痛感します。世界の平和が保たれてこそ、異文化を理解することができ、国際理解が深まり、遺産の大切さを訴えることができるからです。

　世界遺産学習、文化財学習を通じての「ヘリティッジ・ツーリズム」も、総合学習の一環として位置づけられています。自然学習、環境学習との連携で「エコ・ツーリズム」という言葉も最近耳にする機会が多くなりました。実際に世界遺産を現地に訪ねて自分の目で見、空気に触れ、体験することは、何よりもの学習となります。

　訪ねて行ける場合はそれが一番の方法ですが、現地を訪ねられなくても、書籍、ビデオなどの教材で広い分野で学習する機会が多く与えられています。ユネスコ世界遺産を通じて、総合的な学習、また生涯を通じての学習が図られれば、意義深いものになるでしょう。

世界遺産から無形遺産分野も含めた地球遺産へ

　世界遺産を学習する際は、前述したように、様々な分野からの総合的な学習が必要になってきます。その中には、音楽や文学、舞踊といったいわゆる無形の伝統的な文化もあります。

　現在の世界遺産では、有形の不動産について、その顕著な普遍的価値のあるものを取り上げていますが、これからは有形のものばかりでなく、無形の遺産も一体として取り上げていくことが必要になるでしょう。

　前章で「人類の口承及び無形遺産の傑作の宣言」について紹介しましたが、将来は今の枠組みを変え、有形遺産（Tangible Heritage）である「世界遺産」と、無形遺産（Intangible Heritage）である「人類の口承及び無形遺産の傑作」とを一体化させればいいと思います。

　そして、いわゆる地球遺産（Global Heritage）として、総合的な学習を行い、未来の世代に継承したいものです。

グローバリズムの流れの中で

　私たちは、長い歴史の中で生み出された自然環境や、人類の足跡を過去から受け継いできています。そして21世紀を迎えた今、世界中の情報が、ほとんど瞬時に手元に届き、地球上のどこへでも行くことが可能な時代に生きているのです。

　スティーブンソンが蒸気機関車を発明したのは、1814年です。今から200年近く前のことで、いわゆる産業革命と呼ばれる画期的な工業の進展がありました。この頃から、それまでゆったりと流れていた時代のリズムが次第に速くなり、都市社会が到来しました。その後、ベルが電話機を発明したのが1876年、ライト兄弟が飛行機での飛行に成功したのは1903年、今から100年前になります。その後の交通、通信の発展は日進月歩で、世界がごく身近な存在になってきたのは、せいぜいここ50年ほどのことになります。世界中の遺産を見ることができるようになったのは、私達の世代になってからのことなのです。今では、ごく普通の人々でさえも、気軽に何千メートルもの高い山に登ったり、ジャングルを探検したり、地球の裏側へも簡単に気安く行き来し、様々な体験をする機会に恵まれています。

　このことは、何を意味するのでしょうか。極端な言い方をすれば、交通手段が発達し、情報が即時性をもってきた現在を生きる私達は、何億年、何万年、何千年と守られてきた過去からの遺産を、簡単に葬り去ることができるという危険性をはらんでいるということなのではない

でしょうか。

　グローバリズムの流れの中で，自分達と違った風土，民族，言語，歴史，生活，産業などをもつ，いわゆる異文化をどこまで理解できるでしょうか。「地球はひとつ」という言葉は，多様な文化や風習を排除するものではありません。自分達の価値観を押し付け，画一化しようというものでもないはずです。あくまでも，地球市民として，それぞれの地域の多様な文化を尊重し，理解することなのではないでしょうか。

　情報を共有することは，価値観を共有することとは違うはずです。違いを理解し，認め合わなければいけません。便利さの陰で，多様な遺産が失われることのないようにしたいものです。

過去から未来へのメッセージ

　過去から受け継いできた自然も文化も，一度失われると二度と元には戻りません。生態系を人間が発明することはできないのです。

　かけがえのない地球，そして，先人達が築いてきた人類の偉大な遺産として認知された世界遺産は，自国の遺産としてだけではなく，国家を超えて保護・保存し，地球遺産として未来へと継承していかなければなりません。

　20世紀は，戦争の世紀といわれました。第二次世界大戦などの戦禍で，世界各地の貴重な自然環境や文化財が数多く失われました。冷戦集結後21世紀を迎えた今でも，残念ながら民族間や宗教間の争い，国家間の領土紛争など，国家や人間のエゴイズムによるもめ事が数多く起きています。長年受け継がれてきた大切な遺産が，私達の身勝手な行為により取り返しのつかない事態になれば，それは決して許すことはできません。自然現象や天災などでも多くの遺産が危機に見舞われていますが，せめて，紛争などの人災によって遺産が危機に陥ることのないようにしなくてはなりません。

　私達人類は，21世紀をどのように生きるべきか，また，どのような地球社会を築き，将来世代に継承してべきなのか，答えを求めています。私達は，「ものの豊かさ」を追い求めてきた今までの時代とは異なり，これからは「心の豊かさ」を大切にしようとしています。心豊かに生きるには，自然や文化を大切にする社会の構築が重要で，それらの疑問に対するヒントを与えてくれるのが，先人が残してくれた世界遺産だと思います。

　世界遺産は，過去からの贈り物であり，未来世代からの借り物なのです。私達の世代で貴重な遺産が失われてしまわないようにしなくてはなりません。先人から贈られた遺産，生き方の指針を与えてくれている遺産を，未来世代へお返しするという意識が大切です。

　ものいわぬ遺産ですが，私達が遺産に向き合う時は，遺産は様々なメッセージを伝えてくれます。自然の脅威，地球の歴史，生物の進化，歴史の証左，都市の変遷，産業技術，戦争の悲惨さ，偉人の業績，平和の大切さ・・・

　私達は，これらの遺産からのメッセージを，将来にわたって語り続ける義務と責任を負っているのです。

資 料 編

ピサのドゥオモ広場
(**Piazza del Duomo, Pisa**)
文化遺産(登録基準(ⅰ)(ⅱ)(ⅳ)(ⅵ))　1987年登録　イタリア
11〜13世紀にかけて繁栄したピサ共和国の繁栄を伝えるピサのドゥオモ広場。
左から洗礼堂、大聖堂、ガリレオ・ガリレイが重力の法則を発見するきっかけをつかんだといわれる斜塔。

世界遺産全物件リスト（含 無形遺産）（地域別・国別）

〈アフリカ〉23か国（57物件）
（無形遺産　3か国3物件）

ウガンダ共和国（3物件 ○2 ●1）
○ブウィンディ国立公園
○ルウェンゾリ山地国立公園 ★
●カスビのブガンダ王族の墓

エチオピア連邦民主共和国（7物件 ○1 ●6）
○シミエン国立公園 ★
●ラリベラの岩の教会
●ゴンダール地方のファジル・ゲビ
●アワッシュ川下流域
●ティヤ
●アクスム
●オモ川下流域

ガーナ共和国（2物件 ●2）
●アシャンティの伝統建築物
●ボルタ、アクラ、中部、西部各州の砦と城塞

カメルーン共和国（1物件 ○1）
○ジャ・フォナル自然保護区

ギニア共和国（1物件 ○1）（無形遺産 ☆1）
○ニンバ山厳正自然保護区（※コートジボワール）★
☆ニアガッソラのソッソ・バラの文化空間

ケニア共和国（3物件 ○2 ●1）
○ケニア山国立公園／自然林
○ツルカナ湖の国立公園群
●ラムの旧市街

コートジボワール共和国（3物件 ○3）（無形遺産 ☆1）
○ニンバ山厳正自然保護区（※ギニア）★
○タイ国立公園
○コモエ国立公園
☆アフォンカファのグボフェ：タグバナ族の横吹きトランペット音楽

コンゴ民主共和国（旧ザイール）（5物件 ○5）
○ヴィルンガ国立公園 ★
○ガランバ国立公園 ★ ………………… 58
○カフジ・ビエガ国立公園 ★
○サロンガ国立公園 ★
○オカピ野生動物保護区 ★

ザンビア共和国（1物件 ○1）
○モシ・オア・トゥニャ（ヴィクトリア瀑布）（※ジンバブエ）

ジンバブエ共和国（4物件 ○2 ●2）
○マナ・プールズ国立公園、サピとチェウォールのサファリ地域
●グレート・ジンバブエ遺跡
●カミ遺跡国立記念物
○モシ・オア・トゥニャ（ヴィクトリア瀑布）（※ザンビア）

セイシェル共和国（2物件 ○2）
○アルダブラ環礁
○バレ・ドゥ・メ自然保護区

セネガル共和国（4物件 ○2 ●2）
●ゴレ島 ………………………………… 67
○ニオコロ・コバ国立公園
○ジュジ国立鳥類保護区 ★
●サン・ルイ島

タンザニア連合共和国（6物件 ○4 ●2）
○ンゴロンゴロ保全地域
●キルワ・キシワーニとソンゴ・ムナラの遺跡
○セレンゲティ国立公園 ………………… 32
○セルース動物保護区
○キリマンジャロ国立公園
●ザンジバルのストーン・タウン

中央アフリカ共和国（1物件 ○1）
○マノボ・グンダ・サンフローリス国立公園 ★

ナイジェリア連邦共和国（1物件 ●1）
●スクルの文化的景観

ニジェール共和国（2物件 ○2）
○アイルとテネレの自然保護区 ★
○ニジェールのW国立公園

ベナン共和国（1物件 ●1）（無形遺産 ☆1）
●アボメイの王宮 ★
☆ゲレデの口承遺産

ボツワナ共和国（1物件 ●1）
●ツォディロ

マダガスカル共和国（2物件 ○1 ●1）
○ベマラハ厳正自然保護区のチンギ
●アンボヒマンガの王丘

マラウイ共和国（1物件 ○1）
○マラウイ湖国立公園

マリ共和国（3物件 ●2 ◎1）
●ジェンネの旧市街
●トンブクトゥー ★
◎バンディアガラの絶壁（ドゴン人の集落）

南アフリカ共和国（4物件 ○1 ●2 ◎1）
○グレーター・セント・ルシア湿潤公園
●スタークフォンテン、スワークランズ、クロムドラーイと周辺の人類化石遺跡
●ロベン島
◎オカシュランバ・ドラケンスバーグ公園 ………………… 44

モザンビーク共和国（1物件 ●1）
●モザンビーク島

〈アラブ諸国〉12か国（54物件）
（無形遺産　1か国1物件）

アルジェリア民主人民共和国（7物件 ●6 ◎1）
●ベニ・ハンマド要塞
◎タッシリ・ナジェール
●ムザブの渓谷
●ジェミラ
●ティパサ ★
●ティムガッド
●アルジェのカスバ

イエメン共和国（3物件 ●3）
●シバーム城塞都市
●サナアの旧市街 ★
●ザビドの歴史都市 ★

(注) 地域分類はユネスコ世界遺産センターの分類に準拠。登録年順に掲載。
○自然遺産　●文化遺産　◎複合遺産　★危機遺産　☆口承・無形遺産
※二国にまたがる物件　下線は、写真掲載物件とそのページ

シンクタンクせとうち総合研究機構

104

世界遺産全物件リスト（含 無形遺産）

イラク共和国（1物件 ●1）
- ハトラ

エジプト・アラブ共和国（6物件 ●6）
- <u>メンフィスとそのネクロポリス／ギザからダハシュールまでのピラミッド地帯</u> ……… 36
- 古代テーベとネクロポリス
- <u>アブ・シンベルからフィラエまでのヌビア遺跡群</u> …… 13
- イスラム文化都市カイロ
- <u>アブ・メナ</u> ★ ……………………………………………… 58
- 聖キャサリン地域（エジプト）

オマーン国（4物件 ○1 ●3）
- バフラ城塞 ★
- バット、アル・フトゥムとアル・アインの考古学遺跡
- アラビアン・オリックス保護区
- 乳香フランキンセンスの軌跡

シリア・アラブ共和国（4物件 ●4）
- 古代都市ダマスカス
- 古代都市ボスラ
- パルミラの遺跡
- 古代都市アレッポ

チュニジア共和国（8物件 ○1 ●7）
- チュニスのメディナ
- カルタゴの遺跡
- エル・ジェムの円形劇場
- ○イシュケウル国立公園 ★
- ケルクアンの古代カルタゴの町とネクロポリス
- スースのメディナ
- カイルアン
- ドゥッガ／トゥッガ

モーリタニア・イスラム共和国（2物件 ○1 ●1）
- ○アルガン岩礁国立公園
- ワァダン、シンゲッテイ、ティシット、ウァラタのカザール古代都市

モロッコ王国（7物件 ●7）（無形遺産 ☆1）
- フェスのメディナ
- マラケシュのメディナ
- アイット-ベン-ハドゥの集落
- 古都メクネス
- ヴォルビリスの考古学遺跡
- テトゥアンのメディナ（旧市街）
- エッサウィラ（旧モガドール）のメディナ
- <u>☆ジャマ・エル・フナ広場の文化空間</u> ………………… 90

ヨルダン・ハシミテ王国（3物件 ●3）
- ペトラ
- アムラ城塞
- エルサレム旧市街と城壁（ヨルダン推薦物件）★

社会主義人民リビア・アラブ国（5物件 ●5）
- レプティス・マグナの考古学遺跡
- サブラタの考古学遺跡
- キレーネの考古学遺跡
- タドラート・アカクスの岩絵
- ガダミースの旧市街

レバノン共和国（5物件 ●5）
- アンジャル
- バールベク
- ビブロス
- ティール
- カディーシャ渓谷（聖なる谷）と神の杉の森（ホルシュ・アルゼ・ラップ）

〈アジア・太平洋〉21か国（138物件）
（無形遺産 6か国6件）

アフガニスタン（1物件 ●1）
- <u>ジャムのミナレットと考古学遺跡</u> ★ ………… 59

イラン・イスラム共和国（3物件 ●3）
- チョーガ・ザンビル
- ペルセポリス
- イスファハンのイマーム広場

インド（23物件 ○5 ●18）（無形遺産 ☆1）
- アジャンター石窟群
- エローラ石窟群
- アグラ城塞
- <u>タージ・マハル</u> …………………………………… 97
- コナーラクの太陽神寺院
- マハーバリプラムの建造物群
- ○カジランガ国立公園
- ○マナス野生動物保護区 ★
- ○ケオラデオ国立公園
- ゴアの教会と修道院
- カジュラホの建造物群
- ハンピの建造物群
- ファテープル・シクリ
- パッタダカルの建造物群
- エレファンタ石窟群
- タンジャブールのブリハディシュワラ寺院
- ○スンダルバンス国立公園
- ○ナンダ・デビ国立公園
- サーンチーの仏教遺跡
- デリーのフマユーン廟
- デリーのクトゥブ・ミナールと周辺の遺跡群
- ダージリン・ヒマラヤ鉄道
- ブッダ・ガヤのマハボディ寺院の建造物群
- ☆クッティヤタームサンスクリット劇

インドネシア共和国（6物件 ○3 ●3）
- <u>ボロブドール寺院遺跡群</u> ……………………… 36
- ○ウジュン・クロン国立公園
- ○コモド国立公園
- プランバナン寺院遺跡群
- サンギラン初期人類遺跡
- ○ローレンツ国立公園

ヴェトナム社会主義共和国（4物件 ○1 ●3）
- フエの建築物群
- <u>○ハー・ロン湾</u> ………………………………… 34
- 古都ホイアン
- 聖地ミーソン

ウズベキスタン共和国（4物件 ●4）（無形遺産 ☆1）
- イチャン・カラ
- ブハラの歴史地区
- シャフリサーブスの歴史地区
- サマルカンド-文明の十字路
- <u>☆ボイスン地方の文化空間</u> ………………… 915

オーストラリア（14物件 ○10 ◎4）
- ◎カカドゥ国立公園
- <u>○グレート・バリア・リーフ</u> ………………… 34
- ◎ウィランドラ湖群地域
- ○タスマニア原生地域
- ○ロードハウ諸島
- ○オーストラリアの中東部雨林保護区
- <u>◎ウルル-カタ・ジュタ国立公園</u> …………… 45
- ○クィーンズランドの湿潤熱帯地域
- ○西オーストラリアのシャーク湾

シンクタンクせとうち総合研究機構

（注）地域分類はユネスコ世界遺産センターの分類に準拠。登録年順に掲載。
○自然遺産 ●文化遺産 ◎複合遺産 ★危機遺産 ☆口承・無形遺産
※二国にまたがる物件 下線は、写真掲載物件とそのページ

105

世界遺産全物件リスト（含 無形遺産）

○ フレーザー島
○ オーストラリアの哺乳類の化石遺跡
　（リバースリーとナラコーテ）
○ ハード島とマクドナルド諸島
● マックォーリー島
● グレーター・ブルー・マウンテンズ地域

カンボジア王国（1物件 ●1）
● アンコール　★ 59

スリランカ民主社会主義共和国（7物件 ○1 ●6）
● 聖地アヌラダプラ
● 古代都市ポロンナルワ
● 古代都市シギリヤ
○ シンハラジャ森林保護区
● 聖地キャンディ
● ゴールの旧市街と城塞
● ダンブッラの黄金寺院

ソロモン諸島（1物件 ○1）
○ イースト・レンネル

タイ王国（4物件 ○1 ●3）
● 古都スコータイと周辺の歴史地区
● 古都アユタヤと周辺の歴史地区
○ トゥンヤイ・ファイ・カ・ケン野生生物保護区
● バン・チェーン遺跡

大韓民国（7物件 ●7）（無形遺産 ☆1）
● 石窟庵と仏国寺 37
● 八萬大蔵経のある伽倻山海印寺
● 宗廟
● 昌徳宮
● 水原の華城
● 慶州の歴史地域
● 高敞、和順、江華の支石墓
☆ 宗廟の祭礼と祭礼楽 92

中華人民共和国（28物件 ○3 ●21 ◎4）（無形遺産☆1）
◎ 泰山
● 万里の長城 37
● 明・清王朝の皇宮
● 莫高窟
● 秦の始皇帝陵
● 周口店の北京原人遺跡
○ 黄山
○ 九寨溝の自然景観および歴史地区
○ 黄龍の自然景観および歴史地区
● 武陵源の自然景観および歴史地区
● 承徳の避暑山荘と外八廟
● 曲阜の孔子邸、孔子廟、孔子林
● 武当山の古建築群
● ラサのポタラ宮の歴史的遺産群
● 廬山国立公園
◎ 楽山大仏風景名勝区を含む峨眉山風景名勝区
● 麗江古城
● 平遥古城
● 蘇州の古典庭園
● 北京の頤和園
● 北京の天壇
◎ 武夷山
● 大足石刻
● 青城山と都江堰の灌漑施設
● 安徽省南部の古民居群-西逓村と宏村
● 龍門石窟
● 明・清王朝の陵墓群
● 雲崗石窟
☆ 昆劇 92

トルクメニスタン（1物件 ●1）
● 「古都メルブ」州立歴史文化公園

日本（11物件 ○2 ●9）（無形遺産 ☆1）
● 法隆寺地域の仏教建造物 75
● 姫路城 77
○ 屋久島 72
○ 白神山地 72
● 古都京都の文化財（京都市 宇治市 大津市） 74
● 白川郷・五箇山の合掌造り集落 73
● 広島の平和記念碑（原爆ドーム） 76
● 厳島神社 76
● 古都奈良の文化財 75
● 日光の社寺 73
● 琉球王国のグスク及び関連遺産群 77
☆ 能楽 85

ニュージーランド（3物件 ○2 ◎1）
○ テ・ワヒポウナム-南西ニュージーランド
◎ トンガリロ国立公園 43
○ ニュージーランドの亜南極諸島

ネパール王国（4物件 ○2 ●2）
○ サガルマータ国立公園 33
● カトマンズ渓谷 56
○ ロイヤル・チトワン国立公園
● 釈迦生誕地ルンビニー

パキスタン・イスラム共和国（6物件 ●6）
● モヘンジョダロの考古学遺跡
● タキシラ
● タクティ・バヒーの仏教遺跡と近隣のサハリ・バハロルの
　都市遺跡
● タッタの歴史的建造物
● ラホールの城塞とシャリマール庭園　★
● ロータス要塞

バングラデシュ人民共和国（3物件 ○1 ●2）
● バゲラートのモスク都市
● パハルプールの仏教寺院遺跡
○ サンダーバンズ

フィリピン共和国（5物件 ○2 ●3）（無形遺産 ☆1）
○ トゥバタハ岩礁海洋公園
● フィリピンのバロック様式の教会群
● フィリピンのコルディリェラ山脈の棚田　★ 43
● ヴィガンの歴史都市
○ プエルト・プリンセサ地底川国立公園
☆ イフガオ族のフドフド詠歌

マレーシア（2物件 ○2）
○ キナバル公園
○ ムル山国立公園

ラオス人民民主共和国（2物件 ●2）
● ルアンプラバンの町
● チャムパサックの文化的景観の中にあるワット・プー
　および関連古代集落群

〈ヨーロッパ・北米〉44か国（370物件）
　　　　　　　　　　　　　（無形遺産　5か国5件）

アイルランド（2物件 ●2）
● ベンド・オブ・ボインの考古学遺跡群
● スケリッグ・マイケル

（注）地域分類はユネスコ世界遺産センターの分類に準拠。登録年順に掲載。
○ 自然遺産　● 文化遺産　◎ 複合遺産　★ 危機遺産　☆ 口承・無形遺産
※ 二国にまたがる物件　　下線は、写真掲載物件とそのページ

シンクタンクせとうち総合研究機構

世界遺産全物件リスト（含 無形遺産）

アゼルバイジャン共和国（1物件 ●1）
- シルヴァン・シャフ・ハーンの宮殿と乙女の塔がある城塞都市バクー

アメリカ合衆国（20物件 ○12 ●8）
- メサ・ヴェルデ
- ○イエローストーン ★ ……………… 61
- ○グランド・キャニオン国立公園
- ○エバーグレース国立公園 ★
- ○クルエーン／ランゲル=セントエライアス／グレーシャーベイ／タッシェンシニ・アルセク（※カナダ）
- ●独立記念館
- ○レッドウッド国立公園
- ○マンモスケープ国立公園
- ○オリンピック国立公園
- ●カホキア土塁州立史跡
- ○グレートスモーキー山脈国立公園
- ●プエルトリコのラ・フォルタレサとサン・ファンの歴史地区
- ●自由の女神像 ……………… 40
- ○ヨセミテ国立公園
- ●チャコ文化国立歴史公園
- ●シャーロッツビルのモンティチェロとヴァージニア大学
- ○ハワイ火山国立公園
- ●プエブロ・デ・タオス
- ○カールスバッド洞窟群国立公園
- ○ウォータートン・グレーシャー国際平和公園（※カナダ）

アルバニア共和国（1物件 ●1）
- ブトリント ★

アルメニア共和国（3物件 ●3）
- ハフパット・サナヒンの修道院
- ゲガルド修道院とアザト峡谷の上流
- エチミアジンの聖堂と教会群およびズヴァルトノツの考古学遺跡

イギリス（グレートブリテンおよび北部アイルランド連合王国）（24物件 ○5 ●19）
- ジャイアンツ・コーズウェイとコーズウェイ海岸
- ダーラム城と大聖堂
- アイアンブリッジ峡谷
- ファウンティンズ修道院跡を含むスタッドリー王立公園
- ストーンヘンジ、エーブベリーおよび関連の遺跡群 ……… 38
- グウィネス地方のエドワード1世ゆかりの城郭と市壁
- セント・キルダ
- ブレニム宮殿
- バース市街
- ハドリアヌスの城壁
- ウエストミンスター・パレス、ウエストミンスター寺院、聖マーガレット教会
- ○ヘンダーソン島
- ロンドン塔
- カンタベリー大聖堂, 聖オーガスチン寺院, 聖マーチン教会
- エディンバラの旧市街・新市街
- ○ゴフ島野生生物保護区
- グリニッジ海事
- 新石器時代の遺跡の宝庫オークニー
- バミューダの古都セント・ジョージと関連要塞群
- ブレナヴォンの産業景観
- ニュー・ラナーク
- ソルテア
- ○ドーセットと東デボン海岸
- ダウェント渓谷の工場

イスラエル国（2物件 ●2）
- マサダ
- アクルの旧市街

イタリア共和国（36物件 ○1 ●35）（無形遺産 ☆1）
- ヴァルカモニカの岩石画
- レオナルド・ダ・ヴィンチ画「最後の晩餐」があるサンタマリア・デレ・グラツィエ教会とドメニコ派修道院
- ローマの歴史地区、教皇領とサンパオロ・フォーリ・レ・ムーラ大聖堂（※ヴァチカン）
- フィレンツェの歴史地区 ……………… 38
- ヴェネチアとその潟 ……………… 57
- ピサのドゥオモ広場 ……………… 103
- サン・ジミニャーノの歴史地区
- マテーラの岩穴住居
- ヴィチェンツァの市街とベネトのパッラーディオのヴィラ
- シエナの歴史地区
- ナポリの歴史地区
- クレスピ・ダッダ
- フェラーラ：ルネッサンスの都市とポー・デルタ
- カステル・デル・モンテ
- アルベロベッロのトゥルッリ
- ラヴェンナの初期キリスト教記念物
- ピエンツァ市街の歴史地区
- カゼルタの18世紀王宮と公園、ヴァンヴィテリの水道橋とサン・レウチョ邸宅
- サヴォイア王家王宮
- パドヴァの植物園（オルト・ボタニコ）
- ポルトヴェーネレ、チンクエ・テッレと諸島（パルマリア、ティーノ、ティネット）
- モデナの大聖堂、市民の塔、グランデ広場
- ポンペイ、ヘルクラネウム、トッレ・アヌンツィアータの考古学地域
- アマルフィターナ海岸
- アグリジェントの考古学地域
- ヴィッラ・ロマーナ・デル・カザーレ
- バルーミニのス・ヌラクシ
- アクイレリアの考古学地域とバシリカ総主教聖堂
- ウルビーノの歴史地区
- ペストゥムとヴェリアの考古学遺跡とパドゥーラの僧院があるチレントとディアーナ渓谷国立公園
- ティヴォリのヴィッラ・アドリアーナ
- ヴェローナの市街
- ○エオリエ諸島（エオーリアン諸島）
- アッシジの聖フランチェスコのバシリカとその他の遺跡群
- ティヴォリのヴィッラ・デステ
- ノート渓谷（シチリア島南東部）の後期バロック様式の都市群
- ☆オペラ・デイ・プーピ、シチリアの操り人形劇 ……… 93

ヴァチカン市国（2物件 ●2）
- ローマの歴史地区、教皇領とサンパオロ・フォーリ・レ・ムーラ大聖堂（※イタリア）
- ヴァチカン・シティー

ウクライナ（2物件 ●2）
- キエフの聖ソフィア大聖堂と修道院群、キエフ・ペチェルスカヤ修道院群
- リヴィフの歴史地区

エストニア共和国（1物件 ●1）
- ターリンの歴史地区（旧市街）

オーストリア共和国（8物件 ●8）
- ザルツブルク市街の歴史地区
- シェーンブルン宮殿と庭園
- ザルツカンマーグート地方のハルシュタットとダッハシュタインの文化的景観
- センメリング鉄道 ……………… 40
- グラーツの歴史地区
- ワッハウの文化的景観
- ウィーンの歴史地区
- フェルト・ノイジードラーゼーの文化的景観（※ハンガリー）

（注）地域分類はユネスコ世界遺産センターの分類に準拠。登録年順に掲載。
○自然遺産　●文化遺産　◎複合遺産　★危機遺産　☆口承・無形遺産
※二国にまたがる物件　下線は、写真掲載物件とそのページ

シンクタンクせとうち総合研究機構

世界遺産全物件リスト（含 無形遺産）

オランダ王国（7物件 ●7）
- ●スホクランドとその周辺
- ●アムステルダムの防塞
- ●キンデルダイク-エルスハウトの風車群
- ●オランダ領アンティルの港町ウィレムスタトの歴史地区
  （オランダ領アンティル）
- ●Ir.D.F.ウォーダヘマール（D.F.ウォーダ蒸気揚水ポンプ場）
- ●ドロードマカライ・デ・ベームステル（ベームスター干拓地）
- ●リートフェルト設計（リートフェルト・シュレーダー邸）

カナダ（13物件 ○8 ●5）
- ●ランゾー・メドーズ国立史跡
- ○ナハニ国立公園
- ○ダイナソール州立公園
- ○クルエーン／ランゲルーセントエライアス／グレーシャーベイ／タッシェンシニ・アルセク（※アメリカ合衆国）
- ●スカン・グアイ（アンソニー島）
- ●ヘッド・スマッシュト・イン・バッファロー・ジャンプ
- ○ウッドバッファロー国立公園
- ○<u>カナディアン・ロッキー山脈公園</u> 35
- ●ケベックの歴史地区
- ○グロスモーン国立公園
- ●古都ルーネンバーグ
- ○ウォータートン・グレーシャー国際平和公園
  （※アメリカ合衆国）
- ○ミグアシャ公園

キプロス共和国（3物件 ●3）
- ●パフォス
- ●トロードス地方の壁画教会群
- ●ヒロキティア

ギリシャ（16物件 ●14 ◎2）
- ●バッセのアポロ・エピクリオス神殿
- ●デルフィの考古学遺跡
- ●アテネのアクロポリス
- ◎アトス山
- ◎メテオラ
- ●テッサロニキの初期キリスト教とビザンチン様式の建造物群
- ●エピダウロスの考古学遺跡
- ●ロードスの中世都市
- ●ミストラ
- ●<u>オリンピアの考古学遺跡</u> 39
- ●デロス
- ●ダフニの修道院、オシオス・ルカス修道院とヒオス島のネアモニ修道院
- ●サモス島のピタゴリオンとヘラ神殿
- ●ヴェルギナの考古学遺跡
- ●ミケーネとティリンスの考古学遺跡
- ●パトモス島の聖ヨハネ修道院のある歴史地区（ホラ）と聖ヨハネ黙示録の洞窟

グルジア共和国（3物件 ●3）（無形遺産 ☆1）
- ●ムツヘータの都市-博物館保護区
- ●ヴァグラチ聖堂とゲラチ修道院
- ●アッパー・スヴァネチ
- ☆<u>グルジアの多声合唱</u> 90

クロアチア共和国（6物件 ○1 ●5）
- ●<u>ドブロブニクの旧市街</u> 54
- ●ディオクレティアヌス宮殿などのスプリット史跡群
- ○<u>プリトヴィチェ湖群国立公園</u> 54
- ●ポレッチの歴史地区のエウフラシウス聖堂建築物
- ●トロギールの歴史都市
- ●シベニクの聖ヤコブ大聖堂

スイス連邦（5物件 ○1 ●4）
- ●ベルンの旧市街
- ●ザンクト・ガレンの大聖堂
- ●市場町ベリンゾーナの3つの城、防壁、土塁
- ●ミュスタイアの聖ヨハン大聖堂
- ○<u>ユングフラウ・アレッチ・ビエッチホルン</u> 32

スウェーデン王国（12物件 ○1 ●10 ◎1）
- ●ドロットニングホルム宮殿
- ●ビルカとホーブゴーデン
- ●エンゲルスベルクの製鉄所
- ●ターヌムの岩石刻画
- ●スコースキュアコゴーデン
- ●ハンザ同盟の都市ヴィスビー
- ○ラップ人地域
- ●ルーレオのガンメルスタードの教会村
- ●カールスクルーナの軍港
- ●ハイ・コースト
- ●エーランド島南部の農業景観
- ●ファールンの大銅山の採鉱地域

スペイン（37物件 ○2 ●33 ◎2）（無形遺産 ☆1）
- ●コルドバの歴史地区
- ●グラナダのアルハンブラ、ヘネラリーフェ、アルバイシン
- ●ブルゴス大聖堂
- ●マドリッドのエル・エスコリアル修道院と旧王室
- ●バルセロナのグエル公園、グエル邸、カサ・ミラ
- ●アルタミラ洞窟
- ●セゴビアの旧市街とローマ水道
- ●オヴィエドとアストゥーリアス王国の記念物
- ●サンティアゴ・デ・コンポステーラ旧市街
- ●アヴィラの旧市街と塁壁外の教会
- ●アラゴン地方のムデハル様式建築
- ●古都トレド
- ○ガラホナイ国立公園
- ●カセレスの旧市街
- ●セビリアの大聖堂、アルカサル、インディアス古文書館
- ●古都サラマンカ
- ●ポブレットの修道院
- ●メリダの考古学遺跡群
- ●サンタ・マリア・デ・グアダルーペの王立僧院
- ●サンティアゴ・デ・コンポステーラへの巡礼道
- ○ドニャーナ国立公園
- ●クエンカの歴史的要塞都市
- ●ヴァレンシアのロンハ・デ・ラ・セダ
- ●ラス・メドゥラス
- ●バルセロナのカタルーニャ音楽堂とサン・パウ病院
- ●聖ミリャン・ジュソ修道院とスソ修道院
- ●<u>ピレネー地方ペルデュー山</u>（※フランス）
- ●イベリア半島の地中海沿岸の岩壁画
- ●アルカラ・デ・エナレスの大学との歴史地区
- ●イビザの生物多様性と文化
- ●サン・クリストバル・デ・ラ・ラグーナ
- ●タラコの考古遺跡群
- ●エルチェの椰子園
- ●ルーゴのローマ時代の城壁
- ●ボイ渓谷のカタルーニャ・ロマネスク教会群
- ●アタプエルカの考古学遺跡
- ●<u>アランフエスの文化的景観</u> 42
- ☆エルチェの神秘劇

スロヴァキア共和国（5物件 ○1 ●4）
- ●ヴルコリニェツ
- ●バンスカー・シュティアヴニッツア
- ●スピシュスキー・ヒラットと周辺の文化財
- ○アッガテレクとスロヴァキアのカルストの洞窟群
  （※ハンガリー）
- ●バルデヨフ市街保全地区

スロヴェニア共和国（1物件 ○1）
- ○シュコチアン洞窟（スロヴェニア）

(注) 地域分類はユネスコ世界遺産センターの分類に準拠。登録年順に掲載。
○自然遺産 ●文化遺産 ◎複合遺産 ★危機遺産 ☆口承・無形遺産
※二国にまたがる物件 <u>下線</u>は、写真掲載物件とそのページ

シンクタンクせとうち総合研究機構

世界遺産全物件リスト（含 無形遺産）

チェコ共和国（11物件 ●11）
- プラハの歴史地区 ……………………………… 57
- チェスキー・クルムロフの歴史地区
- テルチの歴史地区
- ゼレナホラ地方のネポムクの巡礼教会
- クトナ・ホラ聖バーバラ教会とセドリックの聖母マリア聖堂を含む歴史地区
- レドニツェとヴァルチツェの文化的景観
- クロメルジーシュの庭園と城
- ホラソヴィツェの歴史的集落保存地区
- リトミシュル城
- オロモウツの聖三位一体の塔
- ブルノのトゥーゲントハット邸

デンマーク王国（3物件 ●3）
- イェリング墳丘、ルーン文字石碑と教会
- ロスキレ大聖堂
- クロンボー城

ドイツ連邦共和国（27物件 ○1 ●26）
- アーヘン大聖堂
- シュパイアー大聖堂
- ヴュルツブルクの司教館、庭園と広場
- ヴィースの巡礼教会
- ブリュールのアウグストスブルク城とファルケンルスト城
- ヒルデスハイムの聖マリア大聖堂と聖ミヒャエル教会
- トリーアのローマ遺跡、聖ペテロ大聖堂、聖マリア教会
- ハンザ同盟の都市リューベック
- ポツダムとベルリンの公園と宮殿
- ロルシュの修道院とアルテンミュンスター
- ランメルスベルク旧鉱山と古都ゴスラー
- バンベルクの町
- マウルブロンの修道院群
- クヴェートリンブルクの教会と城郭と旧市街
- フェルクリンゲン製鉄所
- ○メッセル・ピット化石発掘地
- ケルン大聖堂 …………………………………… 39
- ワイマールおよびデッサウにあるバウハウスおよび関連遺産群
- アイスレーベンおよびヴィッテンベルクにあるルター記念碑
- クラシカル・ワイマール
- ベルリンのムゼウムスインゼル（博物館島）
- ヴァルトブルク城
- デッサウ・ヴェルリッツの庭園王国
- ライヒェナウ修道院島
- 関税同盟炭坑の産業遺産
- シュトラールズントとヴィスマルの歴史地区
- ライン川上中流域の渓谷

トルコ共和国（9物件 ●7 ◎2）
- イスタンブールの歴史地区
- ◎ギョレメ国立公園とカッパドキアの岩窟群 ……… 44
- ディヴリイの大モスクと病院
- ハットシャ
- ネムルト・ダウ
- クサントス・レトーン
- ◎ヒエラポリス・パムッカレ
- サフランボルの市街
- トロイの考古学遺跡

ノルウェー王国（4物件 ●4）
- ウルネスのスターヴ教会
- ブリッゲン
- ローロス
- アルタの岩石刻画

ハンガリー共和国（8物件 ○1 ●7）
- ブダペスト、ドナウ河畔とブダ城地域
- ホロクー

- ○アッガテレクとスロヴァキア・カルストの洞窟群（※スロヴァキア）
- パンノンハルマのベネディクト会修道院と自然環境
- ホルトバージ国立公園
- ペーチ（ソピアナエ）の初期キリスト教徒の墓地
- フェルト・ノイジードラーゼーの文化的景観（※オーストリア）
- トカイ・ワイン地域の文化的景観 ……………… 42

フィンランド共和国（5物件 ●5）
- ラウマ旧市街
- スオメンリンナ要塞
- ペタヤヴェシの古い教会
- ヴェルラ製材製紙工場
- サンマルラハデンマキの青銅器時代の埋葬地

フランス共和国（28物件 ○1 ●26 ◎1）
- モン・サン・ミッシェルとその湾
- シャルトル大聖堂
- ヴェルサイユ宮殿と庭園
- ヴェズレーの教会と丘
- ヴェゼール渓谷の装飾洞穴
- フォンテーヌブロー宮殿と公園
- アミアン大聖堂
- オランジュのローマ劇場とその周辺ならびに凱旋門
- アルルのローマおよびロマネスク様式の建築群
- フォントネーのシトー派修道院
- アルケスナンの王立製塩所
- ナンシーのスタニスラス広場、カリエール広場、アリャーンス広場
- サンサバン・スル・ガルタンプの教会
- ○コルシカのジロラッタ岬、ポルト岬、スカンドラ自然保護区とピアナ・カランシュ
- ポン・デュ・ガール（ローマ水道）
- ストラスブール・グラン・ディル
- パリのセーヌ河岸 ……………………………… 11
- ランスのノートル・ダム大聖堂、サンレミ旧大寺院、トウ宮殿
- ブールジュ大聖堂
- アヴィニョンの歴史地区
- ミディ運河
- カルカソンヌの歴史城塞都市
- ◎ピレネー地方－ペルデュー山（※スペイン）
- サンティアゴ・デ・コンポステーラへの巡礼道（フランス側）
- リヨンの歴史地区
- サン・テミリオン管轄区
- シュリー・スル・ロワールとシャロンヌの間のロワール渓谷
- 中世の交易都市プロヴァン

ブルガリア共和国（9物件 ○2 ●7）
- ボヤナ教会
- マダラの騎士像
- カザンラクのトラキヤ人墓地
- イワノヴォ岩壁修道院
- 古代都市ネセバル
- リラ修道院
- ○スレバルナ自然保護区 ★ ……………………… 60
- ピリン国立公園
- スベシュタリのトラキヤ人墓地

ベラルーシ共和国（2物件 ○1 ●1）
- ○ベラベジュスカヤ・プッシャ／ビャウォヴィエジャ森林（※ポーランド）
- ミール城の建築物群

ベルギー王国（8物件 ●8）
- フランドル地方のベギン会院
- ルヴィエールとルルー（エノー州）にあるサントル運河の4つの閘門と周辺環境

（注）地域分類はユネスコ世界遺産センターの分類に準拠。登録年順に掲載。
○自然遺産　●文化遺産　◎複合遺産　★危機遺産　☆口承・無形遺産
※二国にまたがる物件　下線は、写真掲載物件とそのページ

シンクタンクせとうち総合研究機構

109

- ブリュッセルのグラン・プラス
- フランドル地方とワロン地方の鐘楼
- ブルージュの歴史地区
- ブリュッセルの建築家ヴィクトール・オルタの主な邸建築
- モンスのスピエンヌの新石器時代の燧石採掘坑
- トゥルネーのノートル・ダム大聖堂

ポーランド共和国（10物件 ○1 ●9）
- クラクフの歴史地区
- ヴィエリチカ塩坑 ……………………………… 55
- アウシュヴィッツ強制収容所 ………………… 66
- ○ベラヴェジュスカヤ・プッシャ／ビャウォヴィエジャ森林（※ベラルーシ）
- ワルシャワの歴史地区
- ザモシチの旧市街
- トルンの中世都市
- マルボルクのチュートン騎士団の城
- カルヴァリア ゼブジドフスカ:マニエリズム建築と公園景観それに巡礼公園
- ヤヴォルとシフィドニツァの平和教会

ポルトガル共和国（12物件 ○1 ●11）
- アゾーレス諸島のアングラ・ド・ヘロイズモ市街地
- リスボンのジェロニモス修道院とベレンの塔
- バターリャの修道院
- トマルのキリスト教修道院
- エヴォラの歴史地区
- アルコバサの修道院
- シントラの文化的景観
- ポルトの歴史地区
- コア渓谷の先史時代の岩壁画
- マデイラのラウリシールヴァ
- ギマランイスの歴史地区
- ワインの産地アルト・ドウロ地域

マケドニア・旧ユーゴスラヴィア共和国（1物件 ◎1）
- ◎文化的・歴史的外観・自然環境をとどめるオフリッド地域

マルタ共和国（3物件 ●3）
- ハル・サフリエニ・ヒポゲウム
- ヴァレッタの市街
- マルタの巨石神殿群

ユーゴスラヴィア連邦共和国（4物件 ○1 ●3）
- スタリ・ラスとソボチャニ
- コトルの自然と文化－歴史地域 ★ ……… 60
- ドゥルミトル国立公園
- ストゥデニカ修道院

ラトビア共和国（1物件 ●1）
- リガの歴史地区

リトアニア共和国（2物件 ●2）（無形遺産 ☆1）
- ヴィリニュスの歴史地区
- クルシュ砂州（※ロシア）
- ☆リトアニアの十字架工芸とそのシンボル ……… 91

ルクセンブルク大公国（1物件 ●1）
- ルクセンブルク市街、その古い町並みと要塞都市の遺構

ルーマニア（7物件 ○1 ●6）
- ○ドナウ河三角州
- トランシルヴァニア地方にある要塞教会のある村
- ホレズ修道院
- モルダヴィアの教会群
- シギショアラの歴史地区
- マラムレシュの木造教会
- オラシュティエ山脈のダキア人の要塞

ロシア連邦（17物件 ○6 ●11）（無形遺産 ☆1）
- サンクト・ペテルブルグの歴史地区と記念物群
- キジ島の木造建築
- モスクワのクレムリンと赤の広場
- ノヴゴロドと周辺の歴史的建造物群
- ソロヴェツキー諸島の文化・歴史的遺跡群
- ウラディミルとスズダリの白壁建築群
- セルギエフ・ポサドにあるトロイツェ・セルギー大修道院の建造物群
- コローメンスコエの主昇天教会
- ○コミの原生林
- ○バイカル湖
- ○カムチャッカの火山群
- ○アルタイ・ゴールデン・マウンテン
- ○西コーカサス
- カザン要塞の歴史的建築物群
- フェラポントフ修道院の建築物群
- ○クルシュ砂州（※リトアニア）
- ○中央シホテ・アリン
- ☆セメイスキエの文化空間と口承文化

〈ラテンアメリカ・カリブ地域〉
24か国（102物件）（無形遺産 5か国4物件）

アルゼンチン共和国（7物件 ○4 ●3）
- ロス・グラシアレス
- グアラニー人のイエズス会伝道所：サン・イグナシオ・ミニ、ノエストラ・セニョーラ・デ・レ・ロレート、サンタ・マリア・マジョール（アルゼンチン）、サン・ミゲル・ミソオエス遺跡（ブラジル）（※ブラジル）
- イグアス国立公園 ……………………………… 55
- ピントゥーラス川のクエバ・デ・ラス・マーノス
- ○ヴァルデス半島
- ○イスチグアラスト・タランバヤ自然公園
- コルドバのイエズス会街区と領地

ヴェネズエラ・ボリバル共和国（3物件 ○1 ●2）
- コロとその港
- カナイマ国立公園 ……………………………… 35
- 大学都市カラカス

ウルグアイ東方共和国（1物件 ●1）
- コロニア・デル・サクラメントの歴史地区

エクアドル共和国（4物件 ○2 ●2）（無形遺産 ☆1）
- ○ガラパゴス諸島 ……………………………… 56
- キト市街
- ○サンガイ国立公園 ★
- サンタ・アナ・デ・ロス・リオス・クエンカの歴史地区
- ☆ザパラ人の口承遺産と文化表現

エルサルバドル共和国（1物件 ●1）
- ホヤ・デ・セレンの考古学遺跡

キューバ共和国（7物件 ○2 ●5）
- オールド・ハバナと要塞
- トリニダードとインヘニオス渓谷
- サンティアゴ・デ・クーバのサン・ペドロ・ロカ要塞
- ヴィニャーレス渓谷
- デセンバルコ・デル・グランマ国立公園
- キューバ南東部の最初のコーヒー農園の考古学的景観
- アレハンドロ・デ・フンボルト国立公園

グアテマラ共和国（3物件 ●2 ◎1）
- ◎ティカル国立公園
- アンティグア・グアテマラ
- キリグア遺跡公園と遺跡

世界遺産全物件リスト（含 無形遺産）

コスタリカ共和国（3物件 ○3）
○タラマンカ地方―ラ・アミスタッド保護区群／ラ・アミスタッド国立公園（※パナマ）
○ココ島国立公園
○グアナカステ保全地域

コロンビア共和国（5物件 ○1 ●4）
●カルタヘナの港、要塞、建造物群
○ロス・カティオス国立公園
●サンタ・クルーズ・デ・モンポスの歴史地区
●ティエラデントロ国立遺跡公園
●サン・アグスティン遺跡公園

スリナム共和国（2物件 ○1 ●1）
○中央スリナム自然保護区
●パラマリボ市街の歴史地区

セントキッツ・ネイヴィース（1物件 ●1）
●ブリムストンヒル要塞国立公園

チリ共和国（2物件 ●2）
●ラパ・ヌイ国立公園 ……………………… 41
●チロエ島の教会群

ドミニカ共和国（1物件 ●1）（無形遺産 ☆1）
●サント・ドミンゴの植民都市
☆ヴィラ・メラのコンゴの聖霊兄弟会の文化空間

ドミニカ国（1物件 ○1）
○トロア・ピトン山国立公園

ニカラグア共和国（1物件 ●1）
●レオン・ヴィエホの遺跡

ハイチ共和国（1物件 ●1）
●シタデル、サン・スーシ、ラミエール国立歴史公園

パナマ共和国（4物件 ○2 ●2）
●パナマのカリブ海沿岸のポルトベロ・サン・ロレンソの要塞群
○ダリエン国立公園
○タラマンカ地方―ラ・アミスタッド保護区群／ラ・アミスタッド国立公園（※コスタリカ）
●サロン・ボリバルのあるパナマの歴史地区

パラグアイ共和国（1物件 ●1）
●ラ・サンティシマ・トリニダード・デ・パラナとヘスス・デ・タバランゲのイエズス会伝道所

ブラジル連邦共和国（17物件 ○7 ●10）
●オウロ・プレートの歴史都市
●オリンダの歴史地区
●サルバドール・デ・バイアの歴史地区
●コンゴーニャスのボン・ゼズス聖域
○イグアス国立公園 ……………………… 55
●ブラジリア ……………………………… 41
○セラ・ダ・カピバラ国立公園
●グアラニー人のイエズス会伝道所跡：サン・イグナシオ・ミニ、ノエストラ・セニョーラ・デ・レ・ロレート、サンタ・マリア・マジョール（アルゼンチン）、サン・ミゲル・ミソオエス遺跡（ブラジル）（※アルゼンチン）
●サン・ルイスの歴史地区
●ディアマンティナの歴史地区
○ブラジルが発見された大西洋森林保護区
○大西洋森林南東保護区
○ジャウ国立公園
○パンタナル保護地域
●ゴイヤスの歴史地区
○ブラジルの大西洋諸島：フェルナンド・デ・ノロニャとアトール・ダス・ロカス保護区

○セラード保護地域：シャパラダ・ドス・ヴェアデイロス国立公園とエマス国立公園

ベリーズ（1物件 ○1）（無形遺産 ☆1）
○ベリーズ珊瑚礁保護区
☆ガリフナの言語、舞踊、音楽

ペルー共和国（10物件 ○2 ●6 ◎2）（無形遺産 ☆1）
●クスコ市街
◎マチュ・ピチュの歴史保護区 ………… 45
●チャビン（考古学遺跡）
○ワスカラン国立公園
●チャン・チャン遺跡地域 ★ …………… 61
○マヌー国立公園
●リマの歴史地区
◎アビセオ川国立公園
●ナスカおよびフマナ平原の地上絵
●アレキパ市の歴史地区
☆ザパラ人の口承遺産と文化表現

ボリビア共和国（6物件 ○1 ●5）（無形遺産 ☆1）
●ポトシ市街 ……………………………… 67
●チキトスのイエズス会伝道施設
●スクレの歴史都市
●サマイパタの砦
●ティアワナコ：ティアワナコ文化の政治・宗教の中心地
○ノエル・ケンプ・メルカード国立公園
☆オルロ・カーニバル …………………… 93

ホンジュラス共和国（2物件 ○1 ●1）
●コパンのマヤ遺跡
○リオ・プラターノ生物圏保護区 ★

メキシコ合衆国（22物件 ○2 ●20）
○シアン・カアン
●パレンケ古代都市と国立公園
●メキシコシティーの歴史地区とソチミルコ
●テオティワカン古代都市
●オアハカの歴史地区とモンテ・アルバンの考古学遺跡
●プエブラの歴史地区
●古都グアナファトと近隣の鉱山群
●チチェン・イッツァ古代都市
●モレリアの歴史地区
●エル・タヒン古代都市
○エル・ヴィスカイノの鯨保護区
●サカテカスの歴史地区
●サン・フランシスコ山地の岩絵
●ポポカテペトル山腹の16世紀初頭の修道院群
●ウシュマル古代都市
●ケレタロの歴史的建造物地域
●グアダラハラのオスピシオ・カバニャス
●カサス・グランデスのパキメの考古学地域
●トラコタルパンの歴史的建造物地域
●カンペチェの歴史的要塞都市
●ソチカルコの考古学遺跡ゾーン
●カンペチェ州、カラクムルの古代マヤ都市

（注）地域分類はユネスコ世界遺産センターの分類に準拠。登録年順に掲載。
○自然遺産　●文化遺産　◎複合遺産　★危機遺産　☆口承・無形遺産
※二国にまたがる物件　下線は、写真掲載物件とそのページ

シンクタンクせとうち総合研究機構

111

世界遺産種別・登録パターンデータ

自然遺産の登録パターン

(1) 登録基準（ⅰ）
- ◎ウィランドラ湖群地域（オーストラリア）
- ○エオリエ諸島（エオリアン諸島）（イタリア）
- ○ドーセットと東デボン海岸（イギリス）
- ○メッセル・ピット化石発掘地（ドイツ）
- ○ハイ・コースト（スウェーデン）
- ○アッガテレクとスロヴァキア・カルストの洞窟群（ハンガリー／スロヴァキア）
- ○ミグアシャ公園（カナダ）
- ○イチグアラスト・タランパヤ自然公園（アルゼンチン）

(2) 登録基準（ⅰ）（ⅱ）
- ○オーストラリアの哺乳類の化石遺跡（リバースリーとナラコーテ）（オーストラリア）
- ○ハード島とマクドナルド諸島（オーストラリア）

(3) 登録基準（ⅰ）（ⅱ）（ⅲ）
- ○ユングフラウ・アレッチ・ビエッチホルン（スイス）
- ◎ラップ人地域（スウェーデン）
- ○ピリン国立公園（ブルガリア）
- ○ヨセミテ国立公園（アメリカ合衆国）
- ○カナディアン・ロッキー山脈公園（カナダ）

(4) 登録基準（ⅰ）（ⅱ）（ⅲ）（ⅳ）
- ○バレ・ドゥ・メ自然保護区（セイシェル）
- ○ムル山国立公園（マレーシア）
- ○クィーンズランドの湿潤熱帯地域（オーストラリア）
- ○グレート・バリア・リーフ（オーストラリア）
- ○西オーストラリアのシャーク湾（オーストラリア）
- ○タスマニア原生地域（オーストラリア）
- ○テ・ワヒポウナム-南西ニュージーランド（ニュージーランド）
- ○バイカル湖（ロシア）
- ○カムチャッカの火山群（ロシア）
- ○イエローストーン（アメリカ合衆国）★
- ○グランドキャニオン国立公園（アメリカ合衆国）
- ○グレートスモーキー山脈国立公園（アメリカ合衆国）
- ○タラマンカ地方―ラ・アミスタッド保護区群／ラ・アミスタッド国立公園（コスタリカ／パナマ）
- ○リオ・プラターノ生物圏保護区（ホンジュラス）★
- ○カナイマ国立公園（ヴェネズエラ）
- ○ガラパゴス諸島（エクアドル）

(5) 登録基準（ⅰ）（ⅱ）（ⅳ）
- ○ローレンツ国立公園（インドネシア）
- ○オーストラリアの中東部雨林保護区（オーストラリア）
- ○エバーグレーズ国立公園（アメリカ合衆国）★

(6) 登録基準（ⅰ）（ⅲ）
- ○ハー・ロン湾（ヴェトナム）
- ○マックォーリー島（オーストラリア）
- ○ジャイアンツ・コーズウェイとコーズウェイ海岸（イギリス）
- ◎ピレネー地方―ペルデュー山（フランス／スペイン）
- ○ダイナソール州立公園（カナダ）
- ○グロスモーン国立公園（カナダ）
- ○カールスバッド洞窟群国立公園（アメリカ合衆国）
- ○デセンバルコ・デル・グランマ国立公園（キューバ）

(7) 登録基準（ⅰ）（ⅲ）（ⅳ）
- ○マンモスケーブ国立公園（アメリカ合衆国）

(8) 登録基準（ⅰ）（ⅳ）
- ○ツルカナ湖の国立公園群（ケニア）
- ○トワ・ピトン山国立公園（ドミニカ国）

(9) 登録基準（ⅱ）
- ○白神山地（日本）
- ○イースト・レンネル（ソロモン諸島）
- ○ハワイ火山国立公園（アメリカ合衆国）

(10) 登録基準（ⅱ）（ⅲ）
- ○屋久島（日本）
- ◎タッシリ・ナジェール（アルジェリア）
- ○ケニア山国立公園／自然林（ケニア）
- ○サロンガ国立公園（コンゴ民主共和国）★
- ○モシ・オア・トゥニャ（ヴィクトリア瀑布）（ザンビア／ジンバブエ）
- ○フレーザー島（オーストラリア）
- ○ウルル-カタ・ジュタ国立公園（オーストラリア）
- ○トンガリロ国立公園（ニュージーランド）
- ○ガラホナイ国立公園（スペイン）
- ○プリトヴィチェ湖群国立公園（クロアチア）
- ○シュコチアン洞窟（スロヴェニア）
- ○コミの原生林（ロシア）
- ○ナハニ国立公園（カナダ）
- ○ウォータートン・グレーシャー国際平和公園（アメリカ合衆国／カナダ）
- ○オリンピック国立公園（アメリカ合衆国）
- ○レッドウッド国立公園（アメリカ合衆国）
- ○ロス・グラシアレス（アルゼンチン）
- ○ワスカラン国立公園（ペルー）
- ◎マチュ・ピチュの歴史保護区（ペルー）

(11) 登録基準（ⅱ）（ⅲ）（ⅳ）
- ○マナ・プールズ国立公園、サピとチェウォールのサファリ地域（ジンバブエ）
- ○ヴィルンガ国立公園（コンゴ民主共和国）★
- ○ンゴロンゴロ保全地域（タンザニア）
- ○アイルとテネレの自然保護区（ニジェール）★
- ○マラウイ湖国立公園（マラウイ）
- ○アルダブラ環礁（セイシェル）
- ○グレーター・セント・ルシア湿潤公園（南アフリカ）
- ○マナス野生動物保護区（インド）
- ○トゥンヤイ・ファイ・カ・ケン野生生物保護区（タイ）
- ○ロイヤル・チトワン国立公園（ネパール）
- ○トゥバタハ岩礁海洋公園（フィリピン）
- ◎カカドゥ国立公園（オーストラリア）
- ○ドニャーナ国立公園（スペイン）
- ○コルシカのジロラッタ岬、ポルト岬、スカンドラ自然保護区とピアナ・カランシュ（フランス）
- ○ドゥルミトル国立公園（ユーゴスラヴィア）
- ○ウッドバッファロー国立公園（カナダ）
- ○クルーエン／ランゲル-セントエライアス／グレーシャーベイ／タッシェンシニ・アルセク（カナダ／アメリカ合衆国）
- ○サンガイ国立公園（エクアドル）★
- ○ダリエン国立公園（パナマ）
- ○大西洋森林南東保護区（ブラジル）
- ○パンタナル保護地域（ブラジル）
- ○ブラジルの大西洋諸島：フェルナンド・デ・ノロニャとアトール・ダス・ロカス保護区（ブラジル）
- ○ベリーズ珊瑚礁保護区（ベリーズ）
- ○アビセオ川国立公園（ペルー）

○自然遺産　●文化遺産　◎複合遺産　★危機遺産

(12) 登録基準（ⅱ）（ⅳ）
○キナバル公園（マレーシア）
○カジランガ国立公園（インド）
○スンダルバンス国立公園（インド）
○シンハラジャ森林保護区（スリランカ）
○サンダーバンズ（バングラデシュ）
○グレーター・ブルー・マウンテンズ地域（オーストラリア）
○ニュージーランドの亜南極諸島（ニュージーランド）
◎イビサの生物多様性と文化（スペイン）
○マデイラのラウリシールヴァ（ポルトガル）
○西コーカサス（ロシア）
○ジャ・フォナル自然保護区（カメルーン）
○ニンバ山厳正自然保護区（ギニア／コートジボワール）★
○コモエ国立公園（コートジボワール）
○セルース動物保護区（タンザニア）
○マノボ・グンダ・サンフローリス国立公園（中央アフリカ）★
○ニジェールのW国立公園（ニジェール）
○アルガン岩礁国立公園（モーリタニア）
○ティカル国立公園（グアテマラ）
○ココ島国立公園（コスタリカ）
○グアナカステ保全地域（コスタリカ）
○アレハンドロ・デ・フンボルト国立公園（キューバ）
○ロス・カティオス国立公園（コロンビア）
○中央スリナム自然保護区（スリナム）
○ブラジルが発見された大西洋森林保護区（ブラジル）
○ジャウ国立公園（ブラジル）
○セラード保護地域：シャパーダ・ドス・ヴェアデイロス国立公園とエマス国立公園（ブラジル）
○マヌー国立公園（ペルー）
○ノエル・ケンプ・メルカード国立公園（ボリビア）

(13) 登録基準（ⅲ）
○キリマンジャロ国立公園（タンザニア）
◎バンディアガラの絶壁（ドゴン人の集落）（マリ）
◎九寨溝の自然景観および歴史地区（中国）
◎武陵源の自然景観および歴史地区（中国）
◎黄龍の自然景観および歴史地区（中国）
◎泰山（中国）
◎ギョレメ国立公園とカッパドキアの岩窟群
◎ヒエラポリスとパムッカレ（トルコ）
○サガルマータ国立公園（ネパール）
◎アトス山（ギリシャ）
◎メテオラ（ギリシャ）
○ベラベジュスカヤ・プッシャ／ビャウォヴィエジャ森林（ベラルーシ／ポーランド）
◎文化的・歴史的外観・自然環境をとどめるオフリッド地域（マケドニア）

(14) 登録基準（ⅲ）（ⅳ）
○ブウィンディ原生国立公園（ウガンダ）
○ルウェンゾリ山地国立公園（ウガンダ）★
○シミエン国立公園（エチオピア）
○タイ国立公園（コートジボワール）
○ガランバ国立公園（コンゴ民主共和国）★
○ジュジ国立鳥類保護区（セネガル）★
○セレンゲティ国立公園（タンザニア）
○ベマラハ厳正自然保護区のチンギ（マダガスカル）
○ナンダ・デビ国立公園（インド）
○ウジュン・クロン国立公園（インドネシア）
○コモド国立公園（インドネシア）
◎黄山（中国）
◎武夷山（中国）
○プエルト・プリンセサ地底川国立公園（フィリピン）
○ロードハウ諸島（オーストラリア）
○ゴフ島野生生物保護区（イギリス）

○セント・キルダ（イギリス）
○ヘンダーソン島（イギリス）
○ドナウ河三角州（ルーマニア）
◎オカシュランバ・ドラケンスバーグ公園（南アフリカ）
○シアン・カアン（メキシコ）
○イグアス国立公園（アルゼンチン）
○イグアス国立公園（ブラジル）

(15) 登録基準（ⅳ）
○オカピ野生動物保護区（コンゴ民主共和国）★
○カフジ・ビエガ国立公園（コンゴ民主共和国）★
○ニオコロ・コバ国立公園（セネガル）
○イシュケウル国立公園（チュニジア）★
○ケオラデオ国立公園（インド）
◎楽山大仏風景名勝区を含む峨眉山風景名勝区（中国）
○アラビアン・オリックス保護区（オマーン）
○スレバルナ自然保護区（ブルガリア）★
○アルタイ・ゴールデン・マウンテン（ロシア）
○中央シホテ・アリン（ロシア）
○エル・ヴィスカイノの鯨保護区（メキシコ）
○ヴァルデス半島（アルゼンチン）

〔自然遺産の登録基準〕

（ⅰ）地球の歴史上の主要な段階を示す顕著な見本であるもの。これには、生物の記録、地形の発達における重要な地学的進行過程、或は、重要な地形的、または、自然地理的特性などが含まれる。

（ⅱ）陸上、淡水、沿岸、及び、海洋生態系と動植物群集の進化と発達において、進行しつつある重要な生態学的、生物学的プロセスを示す顕著な見本であるもの。

（ⅲ）もっともすばらしい自然現象、または、ひときわすぐれた自然美をもつ地域、及び、美的な重要性を含むもの。

（ⅳ）生物多様性の本来的保全にとって、もっとも重要かつ意義深い自然生息地を含んでいるもの。これには、科学上、または、保全上の観点から、すぐれて普遍的価値をもつ絶滅の恐れのある種が存在するものを含む。

○自然遺産　●文化遺産　◎複合遺産　★危機遺産

文化遺産の登録パターン

(1) 登録基準（ⅰ）
- タージ・マハル（インド）

(2) 登録基準（ⅰ）（ⅱ）
- レオナルド・ダ・ヴィンチ画「最後の晩餐」があるサンタマリア・デレ・グラツィエ教会とドメニコ派修道院（イタリア）
- ヴィチェンツァの市街とベネトのパッラーディオのヴィラ（イタリア）
- バターリャの修道院（ポルトガル）
- アミアン大聖堂（フランス）
- リートフェルト・シュレーダー邸（オランダ）
- リガの歴史地区（ラトビア）

(3) 登録基準（ⅰ）（ⅱ）（ⅲ）
- ラリベラの岩の教会（エチオピア）
- レプティス・マグナの考古学遺跡（リビア）
- ラホールの城塞とシャリマール庭園（パキスタン）★
- 北京の頤和園（中国）
- 北京の天壇（中国）
- 大足石刻（中国）
- 龍門石窟（中国）
- ストーンヘンジ、エーヴベリーおよび関連の遺跡群（イギリス）
- カステル・デル・モンテ（イタリア）
- ヴィッラ・ロマーナ・デル・カザーレ（イタリア）
- ティヴォリのヴィラ・アドリアーナ（イタリア）
- バッセのアポロ・エピクリオス神殿（ギリシャ）
- ヒルデスハイムの聖マリア大聖堂と聖ミヒャエル教会（ドイツ）
- ウルネスのスターヴ教会（ノルウェー）
- ウシュマル古代都市（メキシコ）
- チチェン・イッツァ古代都市（メキシコ）

(4) 登録基準（ⅰ）（ⅱ）（ⅲ）（ⅳ）
- アンコール（カンボジア）★
- 雲崗石窟（中国）
- イスタンブールの歴史地区（トルコ）
- ハットシャ（トルコ）
- 新石器時代の遺跡の宝庫オークニー（イギリス）
- アグリジェントの考古学地域（イタリア）
- モデナの大聖堂、市民の塔、グランデ広場
- ラヴェンナの初期キリスト教記念物とモザイク（イタリア）
- カゼルタの18世紀王宮と公園、ヴァンヴィテリの水道橋とサン・レウチョ邸宅（イタリア）
- キエフ・ペチェルスカヤ大修道院（ウクライナ）
- コルドバの歴史地区（スペイン）
- 古都トレド（スペイン）
- ラス・メドゥラス（スペイン）
- コトルの自然・文化一歴史地域（ユーゴスラヴィア）★
- オアハカの歴史地区とモンテ・アルバンの考古学遺跡（メキシコ）
- パレンケ古代都市と国立公園（メキシコ）
- グアダラハラのオスピシオ・カバニャス（メキシコ）
- カンペチェ州、カラクムルの古代マヤ都市（メキシコ）

(5) 登録基準（ⅰ）（ⅱ）（ⅲ）（ⅳ）（ⅴ）
- 蘇州の古典庭園（中国）

(6) 登録基準（ⅰ）（ⅱ）（ⅲ）（ⅳ）（ⅴ）（ⅵ）
- 莫高窟（中国）
- ◎泰山（中国）
- ヴェネチアとその潟（イタリア）

(7) 登録基準（ⅰ）（ⅱ）（ⅲ）（ⅳ）（ⅵ）
- 古代市ダマスカス（シリア）
- サーンチー仏教遺跡（インド）
- ブッダ・ガヤのマハボディ寺院の建造物群（インド）
- 万里の長城（中国）
- 明・清王朝の陵墓群（中国）
- フィレンツェの歴史地区（イタリア）
- アッシジの聖フランチェスコのバシリカとその他の遺跡群（イタリア）
- ティヴォリのヴィラ・デステ（イタリア）
- アテネのアクロポリス（ギリシャ）
- エピダウロス考古学遺跡（ギリシャ）
- オリンピアの考古学遺跡（ギリシャ）
- デルフィの考古学遺跡（ギリシャ）
- ミケーネとティリンスの考古学遺跡（ギリシャ）
- テオティワカン古代都市（メキシコ）

(8) 登録基準（ⅰ）（ⅱ）（ⅲ）（ⅴ）
該当物件なし

(9) 登録基準（ⅰ）（ⅱ）（ⅲ）（ⅴ）（ⅵ）
- カイルアン（チュニジア）

(10) 登録基準（ⅰ）（ⅱ）（ⅲ）（ⅵ）
- アジャンター石窟群（インド）
- マハーバリプラムの建造物群（インド）
- ローマの歴史地区、教皇領とサンパオロ・フォーリ・レ・ムーラ大聖堂（イタリア／ヴァチカン）
- セビリア大聖堂、アルカサル、インディアス古文書館（スペイン）

(11) 登録基準（ⅰ）（ⅱ）（ⅳ）
- パルミラの遺跡（シリア）
- サマルカンド-文明の十字路（ウズベキスタン）
- ウエストミンスター・パレス、ウエストミンスター寺院、聖マーガレット教会（イギリス）
- バース市街（イギリス）
- シエナの歴史地区（イタリア）
- ピエンツァ市街の歴史地区（イタリア）
- キンデルダイクーエルスハウトの風車群（オランダ）
- Ir.D.F.ウォーダヘマール（D.F.ウォーダ蒸気揚水ポンプ場）（オランダ）
- ドロークマカライ・デ・ベームステル（ベームスター干拓地）（オランダ）
- テッサロニキの原始キリスト教とビザンチン様式の建造物群（ギリシャ）
- オヴィエドとアストゥーリアス王国の記念物（スペイン）
- バルセロナのグエル公園、グエル邸、カサ・ミラ（スペイン）
- 古都サラマンカ（スペイン）
- バルセロナのカタルーニャ音楽堂とサン・パウ病院（スペイン）
- レドニツェとヴァルチツェの文化的景観（チェコ）
- ケルン大聖堂（ドイツ）
- ポツダムとベルリンの公園と宮殿（ドイツ）
- アヴィニョンの歴史地区（フランス）
- アルケスナンの王立製塩所（フランス）
- シャルトル大聖堂（フランス）
- ストラスブール・グラン・ディル（フランス）
- パリのセーヌ河岸（フランス）
- シュリー・シュル・ロワールとシャロンヌ間のロワール渓谷（フランス）
- ブリュッセルの建築家ヴィクトール・オルタの主な邸宅建築（ベルギー）
- シベニクの聖ヤコブ大聖堂（クロアチア）
- ウラディミルとスズダリの白壁建築群（ロシア）
- キリグア遺跡公園と遺跡（グアテマラ）

(12) 登録基準（ⅰ）（ⅱ）（ⅳ）（ⅴ）
- マラケシュのメディナ（モロッコ）
- サヴォイア王家王宮（イタリア）
- ノート渓谷（シチリア島南東部）の後期バロック様式の都市群（イタリア）

○自然遺産　●文化遺産　◎複合遺産　★危機遺産

◎メテオラ（ギリシャ）

(13) 登録基準（ⅰ）(ⅱ)(ⅳ)(ⅴ)(ⅵ)
◎アトス山（ギリシャ）

(14) 登録基準（ⅰ）(ⅱ)(ⅳ)(ⅵ)
- 法隆寺地域の仏教建造物（日本）
- 厳島神社（日本）
- アイアンブリッジ峡谷（イギリス）
- グリニッジ海事（イギリス）
- ピサのドゥオーモ広場（イタリア）
- ミディ運河（フランス）
- アーヘン大聖堂（ドイツ）
- ヴァチカン・シティー（ヴァチカン）
- ストゥデニカ修道院（ユーゴスラヴィア）
- ヴェルサイユ宮殿と赤の広場（ロシア）
- モスクワのクレムリンと赤の広場（ロシア）
- サンクトペテルブルクの歴史地区と記念物群（ロシア）
- 古都グアナファトと近隣の鉱山群（メキシコ）

(15) 登録基準（ⅰ）(ⅱ)(ⅴ)
該当物件なし

(16) 登録基準（ⅰ）(ⅱ)(ⅴ)(ⅵ)
該当物件なし

(17) 登録基準（ⅰ）(ⅱ)(ⅵ)
- ボロブドール寺院遺跡群（インドネシア）
- 武当山の古建築群（中国）
- パハルプールの仏教寺院遺跡（バングラデシュ）
- カンタベリー大聖堂、聖オーガスチン寺院、聖マーチン教会（イギリス）
- サンティアゴ・デ・コンポステーラ旧市街（スペイン）
- マドリッドのエル・エスコリアル修道院と旧王室（スペイン）
- ヴェルサイユ宮殿と庭園（フランス）
- ランスのノートル・ダム大聖堂、サンレミ旧大寺院、トウ宮殿（フランス）

(18) 登録基準（ⅰ）(ⅲ)
◎オカシュランバ・ドラケンスバーグ公園（南アフリカ）
◎タッシリ・ナジェール（アルジェリア）
- エレファンタ石窟群（インド）
- カジュラホの建造物群（インド）
- 古都スコータイと周辺の歴史地区（タイ）
- ヴェルギナの考古学遺跡（ギリシャ）
- アルタミラ洞窟（スペイン）
- ヴィースの巡礼教会（ドイツ）
- サンサバン・スル・ガルタンプの教会（フランス）
- ヴェゼール渓谷の装飾洞穴（フランス）
- コア渓谷の先史時代の岩壁画（ポルトガル）
- スベシュタリのトラキア人墓地（ブルガリア）
- マダラの騎士像（ブルガリア）
- スタリ・ラスとソボチャニ（ユーゴスラヴィア）
- オウロ・プレートの歴史都市（ブラジル）
- チャン・チャン遺跡地域（ペルー）★
- ◎マチュ・ピチュの歴史保護区（ペルー）
- サン・フランシスコ山地の岩絵（メキシコ）

(19) 登録基準（ⅰ）(ⅲ)(ⅳ)
- アムラ城塞（ヨルダン）
- ペトラ（ヨルダン）
- ハンピの建造物群（インド）★
- ネムルト・ダウ（トルコ）
- ベンド・オブ・ボインの考古学遺跡群（アイルランド）
- グウィネズ地方のエドワード1世ゆかりの城郭と市街（イギリス）
- サン・ジミニャーノの歴史地区（イタリア）
- バルーミニのス・ヌラクシ（イタリア）
- ドブロブニクの旧市街（クロアチア）
- ターヌムの岩石刻画（スウェーデン）

- セゴビアの旧市街とローマ水道
- グラナダのアルハンブラ、ヘネラリーフェ、アルバイシン（スペイン）
- ポン・デュ・ガール（ローマ水道）（フランス）
- モンスのスピエンヌの新石器時代の燧石採掘坑（ベルギー）
- カザンラクのトラキア人墓地（ブルガリア）
- ◎文化的・歴史的外観・自然環境をとどめるオフリッド地域（マケドニア）
- ◎ティカル国立公園（グアテマラ）
- ナスカおよびフマナ平原の地上絵（ペルー）

(20) 登録基準（ⅰ）(ⅲ)(ⅳ)(ⅴ)
該当物件なし

(21) 登録基準（ⅰ）(ⅲ)(ⅳ)(ⅴ)(ⅵ)
該当物件なし

(22) 登録基準（ⅰ）(ⅲ)(ⅳ)(ⅵ)
- カスビのブガンダ王族の墓（ウガンダ）
- 聖キャサリン地域（エジプト）
- 秦の始皇帝陵（中国）
- トリーアのローマ遺跡、聖ペテロ大聖堂、聖マリア教会（ドイツ）

(23) 登録基準（ⅰ）(ⅲ)(ⅴ)
◎ギョレメ国立公園とカッパドキアの岩窟群（トルコ）
- ラパ・ヌイ国立公園（チリ）

(24) 登録基準（ⅰ）(ⅲ)(ⅴ)(ⅵ)
該当物件なし

(25) 登録基準（ⅰ）(ⅲ)(ⅵ)
- アブ・シンベルからフィラエまでのヌビア遺跡群（エジプト）
- 古代テーベとネクロポリス（エジプト）
- メンフィスとそのネクロポリス／ギザからダハシュールまでのピラミッド地帯（エジプト）
- グレート・ジンバブエ遺跡（ジンバブエ）
- ツォディロ（ボツワナ）
- エローラ石窟群（インド）
- コナラクの太陽神寺院（インド）
- ペルセポリス（イラン）
- 古代都市ボスラ（シリア）
- 古代都市ポロンナルワ（スリランカ）
- モン・サン・ミッシェルとその湾（フランス）

(26) 登録基準（ⅰ）(ⅳ)
- 姫路城（日本）
- アクスム（エチオピア）
- ティヤ（エチオピア）
- バールベク（レバノン）
- プランバナン寺院遺跡群（インドネシア）
- ディヴリイの大モスクと病院（トルコ）
- 石窟庵と仏国寺（韓国）
- ファウンティンズ修道院跡を含むスタッドリー王立公園（イギリス）
- シェーンブルン宮殿と庭園（オーストリア）
- ダフニの修道院、オシオス・ルカス修道院とヒオス島のネアモニ修道院（ギリシャ）
- ヴァレンシアのロンハ・デ・ラ・セダ（スペイン）
- ポブレットの修道院（スペイン）
- テルチの歴史地区（チェコ）
- ヴュルツブルクの司教館、庭園と広場（ドイツ）
- ランメルスベルク旧鉱山と古都ゴスラー（ドイツ）
- ナンシーのスタニスラス広場、カリエール広場、アリアーンス広場（フランス）
- ブールジュ大聖堂（フランス）
- アルコバサの修道院（ポルトガル）
- オロモウツの聖三位一体の塔（チェコ）
- モルダヴィアの教会群（ルーマニア）

○自然遺産　●文化遺産　◎複合遺産　★危機遺産

- フェラポントフ修道院の建築物群 (ロシア)
- パナマのカリブ海沿岸のポルトベロ-サン・ロレンソ要塞群 (パナマ)
- カラカスの大学都市 (ヴェネズエラ)
- アレキパ市の歴史地区 (ペルー)
- ブラジリア (ブラジル)
- コンゴーニャスのボン・ゼズス聖域 (ブラジル)

(27) 登録基準 (ⅰ)(ⅳ)(ⅴ)
- キジ島の木造建築 (ロシア)

(28) 登録基準 (ⅰ)(ⅳ)(ⅴ)(ⅵ)
該当物件なし

(29) 登録基準 (ⅰ)(ⅳ)(ⅵ)
- 日光の社寺 (日本)
- 曲阜の孔子邸、孔子廟、孔子林 (中国)
- ラサのポタラ宮の歴史的遺産群 (中国)
- シャーロッツビルのモンティセロとヴァージニア大学 (アメリカ合衆国)

(30) 登録基準 (ⅰ)(ⅴ)
該当物件なし

(31) 登録基準 (ⅰ)(ⅴ)(ⅵ)
- イスファハンのイマーム広場 (イラン)
- イスラム文化都市カイロ (エジプト)

(32) 登録基準 (ⅰ)(ⅵ)
- ダンブッラの黄金寺院 (スリランカ)
- ◎カカドゥ国立公園 (オーストラリア)
- ヴェズレーの教会と丘 (フランス)
- トマルのキリスト教修道院 (ポルトガル)
- ヴァレッタの市街 (マルタ)
- 自由の女神像 (アメリカ合衆国)

(33) 登録基準 (ⅱ)
- ◎黄山 (中国)
- シュバイアー大聖堂 (ドイツ)
- ホレーズ修道院 (ルーマニア)
- ゲガルド修道院とアザト峡谷の上流 (アルメニア)
- コローメンスコエの主昇天教会 (ロシア)

(34) 登録基準 (ⅱ)(ⅲ)
- ゴンダール地方のファジル・ゲビ (エチオピア)
- ドゥッガ／トゥッガ (チュニジア)
- タンジャブールのブリハディシュワラ寺院 (インド)
- 水原の華城 (韓国)
- 慶州の歴史地域 (韓国)
- クサントス・レトーン (トルコ)
- モヘンジョダロの考古学遺跡 (パキスタン)
- 聖地ミーソン (ヴェトナム)
- サモス島のピタゴリオンとヘラ神殿 (ギリシャ)
- パドヴァの植物園 (オルト・ボタニコ) (イタリア)
- 関税同盟炭坑の産業遺産 (ドイツ)
- タラコの考古学遺跡群 (スペイン)
- イワノヴォ岩壁修道院 (ブルガリア)
- ボヤナ教会 (ブルガリア)
- エチミアジンの聖堂と教会群およびズヴァルトノツの考古学遺跡 (アルメニア)
- 「古都メルブ」州立歴史文化公園 (トルクメニスタン)
- チロエ島の教会群 (チリ)
- サマイパタの砦 (ボリビア)

(35) 登録基準 (ⅱ)(ⅲ)(ⅳ)
- アワッシュ川下流域 (エチオピア)
- ティムガット (アルジェリア)
- ジャムのミナレットと考古学遺跡 (アフガニスタン) ★
- ファテープル・シクリ (インド)

- 昌徳宮 (韓国)
- 古代都市シギリヤ (スリランカ)
- 平遥古城 (中国)
- ハドリアヌスの城壁 (イギリス)
- ◎イビサの生物多様性と文化 (スペイン)
- ギマランイスの歴史地区 (ポルトガル)
- フランドル地方のベギン会院 (ベルギー)
- ミストラ (ギリシャ)
- トロードス地方の壁画教会 (キプロス)
- ヒロキティア (キプロス)
- ディオクレティアヌス宮殿などのスプリット史跡群 (クロアチア)
- ポレッチの歴史地区のエウフラシウス聖堂建築物 (クロアチア)
- マルボルクのチュートン騎士団の城 (ポーランド)
- オラシュティエ山脈のダキア人の要塞 (ルーマニア)
- カザン要塞の歴史的建築物群 (ロシア)
- アンティグア・グアテマラ (グアテマラ)

(36) 登録基準 (ⅱ)(ⅲ)(ⅳ)(ⅴ)
- メキシコシティーの歴史地区とソチミルコ (メキシコ)

(37) 登録基準 (ⅱ)(ⅲ)(ⅳ)(ⅴ)(ⅵ)
- フェラーラ：ルネッサンスの都市とポー・デルタ (イタリア)

(38) 登録基準 (ⅱ)(ⅲ)(ⅳ)(ⅵ)
- ハトラ (イラク)
- 廬山国立公園 (中国)
- 古都奈良の文化財 (日本)
- デロス (ギリシャ)
- ヴォルビリスの考古学遺跡 (モロッコ)

(39) 登録基準 (ⅱ)(ⅲ)(ⅴ)
- チュニスのメディナ (チュニジア)
- ムサブの渓谷 (アルジェリア)
- アクルの旧市街 (イスラエル)
- ファールンの大銅山の採鉱地域 (スウェーデン)

(40) 登録基準 (ⅱ)(ⅲ)(ⅴ)(ⅵ)
該当物件なし

(41) 登録基準 (ⅱ)(ⅲ)(ⅵ)
- 琉球王国のグスク及び関連遺産群 (日本)
- ザンジバルのストーン・タウン (タンザニア)
- エルサレム旧市街と城壁 (ヨルダン推薦物件)
- カルタゴの遺跡 (チュニジア)
- キレーネの考古学遺跡 (リビア)
- 聖地アヌラダプラ (スリランカ)
- トロイの考古学遺跡 (トルコ)

(42) 登録基準 (ⅱ)(ⅳ)
- 古都京都の文化財 (日本)
- サン・ルイ島 (セネガル)
- エッサウィラ (旧モガドール) のメディナ (モロッコ)
- デリーのフマユーン廟 (インド)
- ダージリン・ヒマラヤ鉄道 (インド)
- 承徳の避暑山荘と外八廟 (中国)
- 麗江古城 (中国)
- ロータス要塞 (パキスタン)
- フィリピンのバロック様式の教会群 (フィリピン)
- ヴィガンの歴史都市 (フィリピン)
- ハフパットとサナヒンの修道院 (アルメニア)
- エディンバラの旧市街・新市街 (イギリス)
- ブレニム宮殿 (イギリス)
- ロンドン塔 (イギリス)
- ダウエント渓谷の工場 (イギリス)
- ソルテア (イギリス)
- ナポリの歴史地区 (イタリア)

○自然遺産　●文化遺産　◎複合遺産　★危機遺産

文化遺産の登録パターン

- ウルビーノの歴史地区（イタリア）
- ヴェローナの市街（イタリア）
- ターリンの歴史地区（旧市街）（エストニア）
- スコースキュアコゴーデン（スウェーデン）
- カールスクルーナの軍港（スウェーデン）
- ザンクト・ガレンの大聖堂（スイス）
- サン・クリストバル・デ・ラ・ラグーナ（スペイン）
- ボイ渓谷のカタルーニャ・ロマネスク教会群（スペイン）
- アランフエスの文化的景観（スペイン）
- クトナ・ホラ 聖バーバラ教会とセドリックの聖母マリア聖堂を含むの歴史地区（チェコ）
- ホランゾヴィツェの歴史的集落保存地区（チェコ）
- クロメルジージュの庭園と城（チェコ）
- リトミシュル城（チェコ）
- ブルノのトゥーゲントハット邸（チェコ）
- ロスキレ大聖堂（デンマーク）
- ブリュールのアウグストスブルク城とファルケンルスト城（ドイツ）
- フェルクリンゲン製鉄所（ドイツ）
- バンベルクの町（ドイツ）
- マウルブロンの修道院群（ドイツ）
- ベルリンのムゼウムスインゼル（美術館島）（ドイツ）
- デッサウ・ヴェルリッツの庭園王国（ドイツ）
- シュトラルズントとヴィスマルの歴史地区（ドイツ）
- ブリュッセルのグラン・プラス（ベルギー）
- フランドル地方とワロン地方の鐘楼（ベルギー）
- トゥルネーのノートル・ダム大聖堂（ベルギー）
- センメリング鉄道（オーストリア）
- グラーツの歴史地区（オーストリア）
- ワッハウの文化的景観（オーストリア）
- ブダペスト、ドナウ河畔とブダ城地域（ハンガリー）
- アルルのローマおよびロマネスク様式の建築群（フランス）
- カルカソンヌの歴史城塞都市（フランス）
- リヨンの歴史地区（フランス）
- 中世の交易都市プロヴァン（フランス）
- トルンの中世都市（ポーランド）
- カルヴァリア ゼブジドフスカ:マニエリズム建築と公園景観それに巡礼公園（ポーランド）
- エヴォラの歴史地区（ポルトガル）
- トロギールの歴史都市（クロアチア）
- ヴィリニュスの歴史地区（リトアニア）
- ミール城の建築物群（ベラルーシ）
- セルギエフ・ポサドにあるトロイツェ・セルギー大修道院の建造物群（ロシア）
- キト市街（エクアドル）
- ポポカテペトル山腹の16世紀初頭の修道院群（メキシコ）
- サカテカスの歴史地区（メキシコ）
- ケレタロの歴史的建造物地域（メキシコ）
- プエブラの歴史地区（メキシコ）
- カンペチェの歴史的要塞都市（メキシコ）
- トラコタルパンの歴史的建造物地域（メキシコ）
- パラマリボ市の歴史地区（スリナム）
- オリンダの歴史地区（ブラジル）
- ディアマンティナの歴史地区（ブラジル）
- ゴイヤスの歴史地区（ブラジル）
- コルドバのイエズス会街区と領地（アルゼンチン）

(43) 登録基準 (ii)(iv)(v)
- トンブクトゥー（マリ）★
- テトゥアン（旧ティタウィン）のメディナ（モロッコ）
- サフランボルの市街（トルコ）
- ルアンプラバンの町（ラオス）
- ポルトヴェーネレ、チンクエ・テッレと島々（パルマリア、ティーノ、ティネット）（イタリア）
- アマルフィターナ海岸（イタリア）
- アムステルダムの防塞（オランダ）
- オランダ領アンティルのウィレムスタット歴史地域（オランダ）
- ライン川上中流域の渓谷（ドイツ）
- ロードスの中世都市（ギリシャ）
- ルーレオのガンメルスタードの教会村（スウェーデン）
- シントラの文化的景観（ポルトガル）
- サンタ・アナ・デ・ロス・リオス・クエンカの歴史地区（エクアドル）

(44) 登録基準 (ii)(iv)(v)(vi)
該当物件なし

(45) 登録基準 (ii)(iv)(vi)
- ラムの旧市街（ケニア）
- ザビドの歴史都市（イエメン）★
- ゴアの教会と修道院（インド）
- 青城山と都江堰の灌漑施設（中国）
- ニュー・ラナーク（イギリス）
- ダーラム城と大聖堂（イギリス）
- ブハラの歴史地区（ウズベキスタン）
- ザルツブルク市街の歴史地区（オーストリア）
- ウィーンの歴史地区（オーストリア）
- サンティアゴ・デ・コンポステーラの巡礼道（スペイン）
- ブルゴス大聖堂、聖ミリャン・ジュソ修道院とスソ修道院（スペイン）
- アルカラ・デ・エナレスの大学との歴史地区（スペイン）
- サンティアゴ・デ・コンポステーラへの巡礼道(フランス側)（フランス）
- ブルージュの歴史地区（ベルギー）
- ワイマールおよびデッサウにあるバウハウスおよび関連遺産群（ドイツ）
- プラハの歴史地区（チェコ）
- ノヴゴロドと周辺の歴史的建造群（ロシア）
- サント・ドミンゴの植民都市（ドミニカ共和国）
- サロン・ボリバルのあるパナマの歴史地区（パナマ）
- モレリアの歴史地区（メキシコ）
- ポトシ市街（ボリビア）

(46) 登録基準 (ii)(v)
- 古都ホイアン（ヴェトナム）
- クエンカの歴史的要塞都市（スペイン）
- エルチェの椰子園（スペイン）
- リヴィフの歴史地区（ウクライナ）
- アルジェのカスバ（アルジェリア）
- フェスのメディナ（モロッコ）

(47) 登録基準 (ii)(v)(vi)
該当物件なし

(48) 登録基準 (ii)(vi)
- フォンテーヌブロー宮殿と公園（フランス）
- ワルシャワの歴史地区（ポーランド）

(49) 登録基準 (iii)
- キルワ・キシワーニとソンゴ・ムナラの遺跡（タンザニア）
- ベニ・ハンマド要塞（アルジェリア）
- サブラタの考古学遺跡（リビア）
- タドラート・アカクスの岩絵（リビア）
- ケルクアンの古代カルタゴの町とネクロポリス（チュニジア）
- アグラ城塞（インド）
- 古都アユタヤと周辺の歴史地区（タイ）
- バン・チェーン遺跡（タイ）
- タッタの歴史的建造物（パキスタン）
- 高敞、和順、江華の支石墓（韓国）
- ◎ウィランドラ湖群地域（オーストラリア）
- ブトリント（アルバニア）★
- ベルンの旧市街（スイス）
- ミュスタの聖ヨハン大聖堂（スイス）
- イベリア半島の地中海沿岸の岩壁画（スペイン）
- イェリング墳丘、ルーン文字石碑と教会（デンマーク）
- アルタの岩石刻画（ノルウェー）
- ブリッゲン（ノルウェー）

○自然遺産　●文化遺産　◎複合遺産　★危機遺産

- ハル・サフリエニ・ヒポゲム（マルタ）
- チャコ文化国立歴史公園（アメリカ合衆国）
- メサ・ヴェルデ（アメリカ合衆国）
- スカン・グアイ（アンソニー島）（カナダ）
- ピントゥーラス川のクエバ・デ・ラス・マーノス（アルゼンチン）
- サン・アグスティン遺跡公園（コロンビア）
- ティエラデントロ国立遺跡公園（コロンビア）
- セラ・ダ・カピバラ国立公園（ブラジル）
- チャビン（考古学遺跡）（ペルー）
- ◎アビセオ川国立公園（ペルー）

(50) 登録基準 (iii)(iv)
- オモ川下流域（エチオピア）
- カミ遺跡国立記念物（ジンバブエ）
- アボメイの王宮（ベナン）★
- ジェンネ旧市街（マリ）
- ジェミラ（アルジェリア）
- ティパサ（アルジェリア）★
- バット，アルフトゥムとアルアインの考古学遺跡（オマーン）
- 乳香フランキンセンスの軌跡（オマーン）
- チョーガ・ザンビル（イラン）
- 古代都市アレッポ（シリア）
- アンジャル（レバノン）
- カディーシャ渓谷（聖なる谷）と神の杉の森（ホルシュ・アルゼ・ラップ）（レバノン）
- パッタダカルの建造物群（インド）
- フエの建造物群（ヴェトナム）
- 明・清王朝の皇宮（中国）
- ◎ヒエラポリスとパムッカレ（トルコ）
- スケリッグ・マイケル（アイルランド）
- ペストゥムとヴェリアの考古学遺跡とパドゥーラの僧院があるチレント・ディアーノ渓谷国立公園（イタリア）
- ブレナヴォンの産業景観（イギリス）
- ルヴィエールとルルー（エノー州）にあるサントル運河の4つの閘門と周辺環境（ベルギー）
- ビルカとホーブゴーデン（スウェーデン）
- サンマルラハデンマキの青銅器時代の埋葬地（フィンランド）
- サン・テミリオン管轄区（フランス）
- カセレスの旧市街（スペイン）
- アヴィラの旧市街と塁壁外の教会（スペイン）
- メリダの考古学遺跡群（スペイン）
- ザルツカンマーグート地方のハルシュタットとダッハシュタインの文化的景観（オーストリア）
- バルデヨフ市街保全地区（スロヴァキア）
- ロルシュの修道院とアルテンミュンスター（ドイツ）
- ペーチュ（ソピアネ）の初期キリスト教徒の墓地（ハンガリー）
- 古代都市ネセバル（ブルガリア）
- ムツヘータの都市-博物館保護区（グルジア）
- シャフリサーブスの歴史地区（ウズベキスタン）
- カホキア土塁州立史跡（アメリカ合衆国）
- キューバ南東部の最初のコーヒー農園の考古学的景観（キューバ）
- ホヤ・デ・セレンの考古学遺跡（エルサルバドル）
- レオン・ヴィエホの遺跡（ニカラグア）
- ブリムストンヒル要塞国立公園（セントキッツ・ネイヴィース）
- クスコ市街（ペルー）
- エル・タヒン古代都市（メキシコ）
- カサス・グランデスのパキメの考古学遺跡（メキシコ）
- ソチカルコの考古学遺跡ゾーン（メキシコ）
- ティアワナコ：ティアワナコ文化の政治・宗教の中心地（ボリビア）

(51) 登録基準 (iii)(iv)(v)
- スースのメディナ（チュニジア）
- ウァダン，シンゲッティ，ティシット，ウァラタのカザール古代都市（モーリタニア）
- シバーム城塞都市（イエメン）
- フィリピンのコルディリェラ山脈の棚田（フィリピン）
- 安徽省南部の古民居群-西逓村と宏村（中国）
- アルベロベッロのトゥルッリ（イタリア）
- ポンペイ，エルコラーノ，トッレ・アヌンツィアータの考古学地域（イタリア）
- マテーラの岩穴住居（イタリア）
- イチャン・カラ（ウズベキスタン）
- ローロス（ノルウェー）
- ピレネー地方-ペルデュー山（フランス／スペイン）
- ワインの産地アルト・ドウロ地域（ポルトガル）
- サン・ルイスの歴史地区（ブラジル）

(52) 登録基準 (iii)(iv)(v)(vi)
該当物件なし

(53) 登録基準 (iii)(iv)(vi)
- アンボヒマンガの王丘（マダガスカル）
- ビブロス（レバノン）
- カトマンズ渓谷（ネパール）
- チャムパサックの文化的景観の中にあるワット・プーおよび関連古代集落群（ラオス）
- ◎タスマニア原生地域（オーストラリア）
- マサダ（イスラエル）
- アクイレイアの考古学地域とバシリカ総主教聖堂（イタリア）
- パトモス島の聖ヨハネ修道院のあるの歴史地区（ホラ）と聖ヨハネ黙示録の洞窟（ギリシャ）
- ライヒェナウ修道院島（ドイツ）
- ヤヴォルとシフィドニツァの平和教会（ポーランド）

(54) 登録基準 (iii)(v)
- アタプエルカの考古学遺跡（スペイン）
- ラップ人地域（スウェーデン）
- スホクランドとその周辺（オランダ）
- シギショアラの歴史地区（ルーマニア）
- トカイ・ワイン地方の文化的景観（ハンガリー）

(55) 登録基準 (iii)(v)(vi)
- スクルの文化的景観（ナイジェリア）

(56) 登録基準 (iii)(vi)
- ロベン島（南アフリカ）
- スタークフォンテン，スワークランズ，クロムドライと周辺の人類化石遺跡（南アフリカ）
- ティール（レバノン）
- サンギラン初期人類遺跡（インドネシア）
- 周口店の北京原人遺跡（中国）
- ◎武夷山（中国）
- 釈迦生誕地ルンビニー（ネパール）
- タキシラ（パキスタン）
- ヴァルカモニカの岩石画（イタリア）
- パフォス（キプロス）
- オランジュのローマ劇場とその周辺ならびに凱旋門（フランス）
- クラシカル・ワイマール（ドイツ）
- ヴァルトブルク城（ドイツ）
- リスボンのジェロニモス修道院とベレンの塔（ポルトガル）

(57) 登録基準 (iv)
- アブ・ミナ（エジプト）★
- 古都メクネス（モロッコ）
- デリーのクトゥブ・ミナールと周辺の遺跡群（インド）
- バフラ城塞（オマーン）★
- 宗廟（韓国）
- ゴールの旧市街と城塞（スリランカ）
- タクティ・バヒーの仏教遺跡と近隣のサハリ・バハロルの都市遺跡（パキスタン）
- バゲラートのモスク都市（バングラデシュ）
- マルタの巨石神殿群（マルタ）

○自然遺産　●文化遺産　◎複合遺産　★危機遺産

- アラゴン地方のムデハル様式建築（スペイン）
- ルーゴのローマ時代の城壁（スペイン）
- ポルトの歴史地区（ポルトガル）
- フォントネーのシトー派修道院（フランス）
- バミューダの古都セント・ジョージと関連要塞群（イギリス）
- 市場町ベリンゾーナの3つの城、防壁、土塁（スイス）
- クヴェートリンブルクの教会と城郭と旧市街（ドイツ）
- ハンザ同盟の都市リューベック（ドイツ）
- ルクセンブルク市街、その古い町並みと要塞都市の遺構（ルクセンブルク）
- クロンボー城（デンマーク）
- エンゲルスベルグの製鉄所（スウェーデン）
- ドロットニングホルムの王領地（スウェーデン）
- ヴェルラ製材製紙工場（フィンランド）
- スオメンリンナ要塞（フィンランド）
- ペタヤヴェシの古い教会（フィンランド）
- ヴィエリチカ塩坑（ポーランド）
- クラクフの歴史地区（ポーランド）
- ザモシチの旧市街（ポーランド）
- スピシュキー城と周辺の文化財（スロヴァキア）
- ゼレナホラ地方のネポムクの巡礼教会（チェコ）
- チェルキー・クルムロフの歴史地区（チェコ）
- トランシルヴァニア地方にある要塞教会のある村（ルーマニア）
- マラムレシュの木造教会（ルーマニア）
- ヴァグラチ聖堂とゲラチ修道院（グルジア）
- シルヴァン・シャフ・ハーンの宮殿と乙女の塔がある城塞都市バクー（アゼルバイジャン）
- ソロヴェツキー諸島の文化・歴史的遺跡群（ロシア）
- プエブロ・デ・タオス（アメリカ合衆国）
- グアラニー人のイエズス会伝道所（アルゼンチン／ブラジル）
- コロニア・デル・サクラメントの歴史地区（ウルグアイ）
- ヴィニャーレス渓谷（キューバ）
- ラ・サンティシマ・トリニダード・デ・パラナ、ヘスス・デ・タバランゲのイエズス会伝道所（パラグアイ）
- リマの歴史地区（ペルー）
- スクレの歴史都市（ボリビア）

(58) 登録基準（ⅳ)(ⅴ）
- 白川郷・五箇山の合掌造り集落（日本）
- アイット・ベン・ハドゥの集落（モロッコ）
- クレスピ・ダッダ（イタリア）
- アッパー・スヴァネティ（グルジア）
- ハンザ同盟の都市ヴィスビー（スウェーデン）
- バンスカー・シュティアヴニッツア（スロヴァキア）
- ヴルコリニェツ（スロヴァキア）
- ホルトバージ国立公園（ハンガリー）
- エーランド島南部の農業景観（スウェーデン）
- ラウマ旧市街（フィンランド）
- 古都ルーネンバーグ（カナダ）
- オールド・ハバナと要塞（キューバ）
- サンティアゴ・デ・クーバのサン・ペドロ・ロカ要塞（キューバ）
- トリニダードとインヘニオス渓谷（キューバ）
- サンタ・クルーズ・デ・モンポスの歴史地区（コロンビア）
- コロとその港（ヴェネズエラ）
- チキトスのイエズス会伝道施設（ボリビア）

(59) 登録基準（ⅳ)(ⅴ)(ⅵ）
- サナアの旧市街（イエメン）

(60) 登録基準（ⅳ)(ⅵ）
- モザンビーク島（モザンビーク）
- エル・ジェムの円形劇場（チュニジア）
- 八萬大蔵経のある伽耶山と海印寺（韓国）
- ◎楽山大仏風景名勝区を含む峨眉山風景名勝区（中国）
- 聖地キャンディ（スリランカ）
- サンタ・マリア・デ・グアダルーペの王立僧院（スペイン）
- アイスレーベンおよびヴィッテンベルクにあるルター記念碑（ドイツ）
- アゾーレス諸島のアングラ・ド・ヘロイズモ市街地（ポルトガル）
- パンノンハルマのベネディクト会修道院と自然環境（ハンガリー）
- ケベックの歴史地区（カナダ）
- カルタヘナの港、要塞、建造物群（コロンビア）
- シタデル、サン・スーシー、ラミエール国立歴史公園（ハイチ）
- サルバドール・デ・バイアの歴史地区（ブラジル）
- コパンのマヤ遺跡（ホンジュラス）

(61) 登録基準（ⅴ）
- アシャンティの伝統建築物（ガーナ）
- ◎バンディアガラの絶壁（ドゴン人の集落）（マリ）
- ガダミースの旧市街（リビア）
- ホロクー（ハンガリー）
- フェルト・ノイジードラーゼーの文化的景観（オーストリア／ハンガリー）
- クルシュ砂州（リトアニア／ロシア）

(62) 登録基準（ⅴ)(ⅵ）
- ◎ウルル-カタ・ジュタ国立公園（オーストラリア）

(63) 登録基準（ⅵ）
- 広島の平和記念碑（原爆ドーム）（日本）
- ボルタ、アクラ、中部、西部各州の砦と城塞（ガーナ）
- ゴレ島（セネガル）
- トンガリロ国立公園（ニュージーランド）
- リラ修道院（ブルガリア）
- アウシュヴィッツ強制収容所（ポーランド）
- 独立記念館（アメリカ合衆国）
- プエルトリコのラ・フォルタレサとサン・ファンの歴史地区（アメリカ合衆国）
- ヘッド・スマッシュト・イン・バッファロー・ジャンプ（カナダ）
- ランゾー・メドーズ国立史跡（カナダ）

〔文化遺産の登録基準〕

（ⅰ）人類の創造的天才の傑作を表現するもの。

（ⅱ）ある期間を通じて，または，ある文化圏において，建築，技術，記念碑的芸術，町並み計画，景観デザインの発展に関し，人類の価値の重要な交流を示すもの。

（ⅲ）現存する，または，消滅した文化的伝統，または，文明の，唯一の，または，少なくとも稀な証拠となるもの。

（ⅳ）人類の歴史上重要な時代を例証する，ある形式の建造物，建築物群，技術の集積，または，景観の顕著な例。

（ⅴ）特に，回復困難な変化の影響下で損傷されやすい状態にある場合における，ある文化（または，複数の文化）を代表する伝統的集落，または，土地利用の顕著な例。

（ⅵ）顕著な普遍的な意義を有する出来事，現存する伝統，思想，信仰，または，芸術的，文学的作品と，直接に，または，明白に関連するもの。

○自然遺産 ●文化遺産 ◎複合遺産 ★危機遺産

世界遺産の歴史的な位置づけ

日本略史	世界略史

先土器
- 明石人？
- 葛生人
- 牛川人

世界略史:
- アウストラロピテクス、ホモ=ハビリス（400万年前）
- ジャワ原人 ピテカントロプス=エレクトゥス
- 北京原人（60〜15万年前）
- ネアンデルタール人（約20万年前）
- クロマニョン人（約4万〜1万年前）
- ラスコー洞窟　BC13000年頃
- アルタミラ洞窟　BC15000〜12000年頃 ……… BC10000

縄文
- 白神山地のブナ林　樹齢8000年
- 屋久島の縄文杉　樹齢7200年 ……… BC5000
- 大森貝塚
- 三内丸山遺跡
- 尖石遺跡

世界略史:
- ヘッド・スマッシュ・イン・バッファロー・ジャンプ
- モヘンジョダロ遺跡　　エーゲ文明
- エジプトのピラミッド　BC2000年頃 ……… BC2000
- クレタ文明
- ミケーネ文明
- アブ・シンベル神殿　BC1300年頃
- 古代オリンピック大会はじまる BC776年 ……… BC1000
- ローマ建国　BC753年
- 釈迦生誕　BC623年
- 蘇州古典庭園　BC514年 ……… BC500
- ペルセポリス　BC522年〜BC460年頃
- パルテノン神殿　BC447年　　テオティワカン
- 秦の始皇帝　中国を統一　BC221年

（エジプト文明／メソポタミア文明／インダス文明／中国／ローマ帝国／マヤ文明）

弥生
- 光武帝 倭の奴国に印綬を授与 57年
- 妻木晩田遺跡
- 吉野ヶ里遺跡
- 卑弥呼 親魏倭王の号を受ける 239年
- 出雲荒神谷遺跡
- 登呂遺跡

世界略史:
- イエス　BC4年頃〜AD30年頃 ……… 紀元
- 光武帝　後漢成立　25年　　アンソニー島
- ヴェスヴィオ火山の大噴火　79年
- 五賢帝時代　96年〜180年 ……… 101年
- ローマ帝国全盛時代
- マルクス=アウレリウス帝即位　161年
- ガンダーラ美術栄える ……… 201年
- 後漢滅び魏呉蜀の3国分立　220年
- ササン朝ペルシア起こる　226年
- 呉滅び、晋が中国を統一　280年 ……… 301年
- コンスタンティノープル遷都　330年
- エルサレムの聖墳墓教会　327年
- 莫高窟　366年
- ゲルマン民族の大移動　375年 ……… 401年

古墳
- 箸墓古墳
- 大山古墳（仁徳陵古墳）
- 仏教の伝来　538年頃
- 加茂岩倉遺跡
- 聖徳太子　摂政　593年

世界略史:
- 西ローマ帝国滅亡　476年
- フランク王国建国　481年
- 東ゴート王国建国　493年 ……… 501年
- 竜門石窟　494年
- マホメット　571年〜632年
- 隋（589年〜618年）

120　　シンクタンクせとうち総合研究機構　発行

世界遺産の歴史的な位置づけ

時代	日本の出来事	世界の出来事	西暦
飛鳥	聖徳太子 憲法十七条の制定 604年	唐（618年～907年）／イスラム教成立 610年	601年
	法隆寺創建 607年	ラサのポタラ宮	
	平城京遷都 710年	アラブ軍がオアシス都市ブハラを占領 674年	701年
奈良	春日大社創建 763年	李白、杜甫など唐詩の全盛	
	最澄 比叡山延暦寺創建 788年	仏国寺建立 752年	
	平安京遷都 794年	カール大帝戴冠 800年	801年
	最澄 天台宗を開く 805年	イスラム文化の全盛	
	空海 真言宗を開く 806年	ボロブドゥールの建設	
	弘法大師 高野山開創 816年	黄巣の乱 875年	
		アンコール 889年	901年
平安	古今和歌集成る 905年	ビザンツ帝国の最盛時代	
	醍醐寺五重塔建つ 951年	宋建国 960年	
	藤原道長 摂関政治 966年～1027年	神聖ローマ帝国成立 962年	1001年
	紫式部 源氏物語	セルジューク朝成立 1038年	
	藤原道長全盛時代 1016年～1027年	ローマ・カトリック教とギリシャ正教完全分離	
	平等院阿弥陀堂（鳳凰堂）落成 1053年	十字軍 エルサレム王国建国 1099年～1187年	
	藤原清衡 平泉に中尊寺建立 1105年	ラパ・ヌイ モアイの石像	1101年
	平清盛 太政大臣になる 1167年	パリ ノートルダム大聖堂建築開始 1163年	
	平清盛 厳島神社を造営 1168年	ピサの斜塔 1174年	
	源頼朝 鎌倉幕府を開く 1192年	ドイツ騎士団おこる	
鎌倉	東大寺再建供養 1195年		1201年
	親鸞 教行信証を著わす 1224年	アミアン大聖堂建立 1220年	
	日蓮 法華宗を始む 1253年	ケルン大聖堂 礎石 1248年	
	円覚寺舎利殿 1285年	ドイツ「ハンザ同盟」成立 1241年	
南北朝		マルコ・ポーロ「東方見聞録」 1299年	1301年
	足利尊氏 室町幕府を開く 1338年	英仏百年戦争 1338年～1453年	
	夢窓疎石 西芳寺（苔寺）再興 1339年	明建国 1368年	
	金閣寺建立 1397年	宗廟着工 1394年着工	1401年
室町	興福寺 五重塔 再建 1426年	昌徳宮 1405年	
	琉球王国が成立 1429年	クスコ	
	竜安寺 禅宗寺院となる 1450年	コロンブス アメリカ大陸発見 1492年	
	銀閣寺建立 1483年	マチュピチュ	1501年
	フランシスコ・ザビエル鹿児島上陸 1549年	アステカ帝国滅亡 1521年／インカ帝国滅亡 1533年	
	室町幕府滅亡 1573年	インド ムガル帝国成る 1526年	
安土桃山	醍醐寺三宝院書院 庭園できる 1598年	パドヴァの植物園 1545年	
	徳川家康 江戸幕府を開く 1603年		1601年
	彦根城築城 1604年～1622年	タージ・マハル廟の造営 1632年～1653年	
	姫路城天守閣造営 1608年	ヴェルサイユ宮殿着工 1661年着工	
	日光東照宮神殿竣工 1617年	イギリス 名誉革命 1688年	
江戸	五箇山の合掌造り 江戸時代初期		1701年
	東大寺大仏再建 1701年	キンデルダイク・エルスハウトの風車	
		アメリカ独立宣言公布 1776年	
	本居宣長 古事記伝完成 1798年	フランス革命 1789年～1794年	
		ナポレオン皇帝となる 1804年	1801年
明治	明治維新 1868年	ダーウィン「種の起源」 1859年	
	福沢諭吉「学問ノスゝメ」 1872年	リンカーン「奴隷解放宣言」 1863年	
	神田駿河台にニコライ堂落成 1891年	ケルン大聖堂完成 1880年	
	赤坂離宮建つ 1908年		1901年
大正		ロシア革命 1917年	
昭和	広島，長崎に原爆投下 1945年	ワイマールおよびデッサウのバウハウス 1919年～1933年	
	ユネスコ加盟 1951年	アウシュヴィッツ強制収容所 1940年	
	国連加盟 1956年	ブラジルの首都 ブラジリアに遷都 1960年	
平成		ベルリンの壁 開放 1989年	
	世界遺産条約批准 1992年	ソ連崩壊 1991年	
	九州・沖縄サミット 2000年	南北朝鮮首脳会談 2000年	2001年

（中央の縦書き：マヤ文明／アステカ文明／ルネサンス／インカ帝国）

シンクタンクせとうち総合研究機構　発行

自然遺産を分類してみると

自然遺産を，そのカテゴリー別に分類してみると，下の表のようになります。

分　類	主　な　物　件　　　　　　　◎複合遺産
化石発掘地	ドーセットと東デボン海岸，メッセル・ピット，リバースリーとナラコーテの哺乳類の化石保存地区，ミグアシャ公園，シャーク湾，ローレンツ国立公園，◎ウィランドラ湖沼群地帯，ツルカナ湖の国立公園群，ダイナソール州立公園，カナディアン・ロッキー山脈公園，グランド・キャニオン国立公園，マンモスケーブ国立公園
生物圏保護区	◎タッシリ・ナジェール，イシュケウル国立公園，ンゴロンゴロ保全地域，セレンゲティ国立公園，ジャ・フォナル自然保護区，ニオコロ・コバ国立公園，ケニア山国立公園／自然林，タイ国立公園，ニンバ山厳正自然保護区，コモエ国立公園，◎タスマニア森林地帯，W国立公園，セントキルダ島，シンハラジャ森林保護区，トゥバタハ岩礁海洋公園，九寨溝の自然景観および歴史地区，屋久島，◎ウル・カタジュタ国立公園，ドニャーナ国立公園，ピレネー地方－ペルデュー山，ピリン国立公園，スレバルナ自然保護区，ドゥルミトル国立公園，ドナウ河三角州，バイカル湖，カムチャッカの火山群，中央シホテ・アリン，レッドウッド国立公園，イエローストーン，エバーグレーズ国立公園，オリンピック国立公園，グレートスモーキー山脈国立公園，ハワイ火山国立公園，シアン・カアン，エル・ヴィスカイノの鯨保護区，ダリエン国立公園，◎ティカル国立公園，リオ・プラターノ生物圏保護区，ガラパゴス諸島，ワスカラン国立公園
熱帯林	◎カカドゥ国立公園，クィーンズランドの湿潤熱帯地域，サンダーバンズ，タイ国立公園，ロス・カティオス国立公園，グアナカステ保全地域，コモエ国立公園，ニンバ山厳正自然保護区，ヴィルンガ国立公園，カフジ・ビエガ国立公園，オカピ野生動物保護区，トワ・ピトン山国立公園，サンガイ国立公園，マナス野生動物保護区，スンダルバンス国立公園，ウジュン・クロン国立公園，ローレンツ国立公園，ケニア山国立公園／自然林，ベマラハ厳正自然保護区のチンギ，ダリエン国立公園，◎マチュ・ピチュの歴史保護区，マヌー国立公園，ニオコロ・コバ国立公園，プエルト・プリンセサ地底川国立公園，カナイマ国立公園，グレーター・セント・ルシア湿原公園，シンハラジャ森林保護，ブウィンディ国立公園，トゥンヤイ・ファイ・カ・ケン野生生物保護区，ルウェンゾリ山地国立公園，セルース動物保護区
生物地理地域	グロスモーン国立公園，ヨセミテ国立公園，ハイ・コースト，マデイラのラウリシールヴァ，◎ヒエラポリスとパムッカレ，サガルマータ国立公園，◎武夷山，白神山地，屋久島，タイ国立公園，サロンガ国立公園，マノボ・グンダ・サンフローリス国立公園，ヴィクトリア瀑布，グレーター・セント・ルシア湿原公園，ハー・ロン湾，バレ・ドゥ・メ自然保護区，ウジュン・クロン国立公園，キナバル公園，プエルト・プリンセサ地底川国立公園，イースト・レンネル，ハワイ火山国立公園，ロードハウ諸島，グレート・バリア・リーフ，グレーター・ブルー・マウンテンズ地域，◎トンガリロ国立公園，テ・ワヒポウナム，ゴフ島野生生物保護区，ハード島とマクドナルド諸島，マックォーリー島，ダリエン国立公園，パンタナル自然保護区，大西洋森林南東保護区，◎リオ・アビセオ国立公園

※上記に掲げたもののうち，特に，先土器，縄文，弥生，古墳時代のものは，未だ時代が特定できていないものもあります。紙面のスペースの関係もあり，この表は，あくまでも，参考程度にとどめて下さい。

シンクタンクせとうち総合研究機構　発行

文化遺産を分類してみると

文化遺産を，そのカテゴリー別に分類してみると，下の表のようになります。

分　類	主　な　物　件　　　　　　◎複合遺産
人類遺跡	サンギラン，周口店，オモ川，アワッシュ川，スタークフォンティン
岩画・岩石遺跡	アルタミラ洞窟，ヴェゼール渓谷，ツォディロ，アルタ，ナスカ，タッシリ・ナジェール，ストーンヘンジ，
古代都市・考古学遺跡	オリンピア，モヘンジョダロ，バンチェン，アレッポ，ベルセポリス，ポンペイ，ハトラ，ペトラ，タキシラ，パルミラ，ビブロス，パフォス，トロイ，ネセバル，チャビン，ティカル，テオティワカン，ホヤ・デ・セレン
歴史都市	カイロ，イスタンブール，京都，ローマ，パリ，リヨン，フィレンツェ，ナポリ，トレド，ポルト，ブルージュ，ウィーン，プラハ，ワルシャワ，トロギール，サンクト・ペテルブルグ，ケベック，アレキパ，オリンダ
宗教建築物	ウエストミンスター寺院，アーヘン大聖堂，シュパイアー大聖堂，ロスキレ大聖堂，シャルトル大聖堂，ウルネスのスターヴ教会，リラ修道院，ボヤナ教会，シベニクの聖ヤコブ大聖堂，バターリャの修道院，ウラディミルとスズダリの白壁建築群，厳島神社，日光の社寺
聖　地	サンティアゴ・デ・コンポステーラ，聖キャサリン，エルサレム，泰山，ラサ，キャンディ
宮殿・城・要塞	ヴェルサイユ宮殿，ブレニム宮殿，サンスーシ宮殿，アルハンブラ宮殿，故宮，姫路城，カザン，琉球王国のグスク，水原の華城，ハドリアヌスの城壁，スオメンリンナ要塞，アムラ城塞
庭　園	シャリマール庭園，蘇州の古典庭園，北京の頤和園，クロメルジーシュ庭園，ヴェルサイユ宮殿庭園
廟・墓地	孔子廟，宗廟，秦始皇帝陵，ピラミッド，カザンラクのトラキヤ人墓地，ベーチュ（ソピアナエ）の初期キリスト教徒の墓地
集落	アイットベンハドゥ，バンディアガラ，白川郷・五箇山，ホロクー，アルベロベッロ，ブルコリーニェツ，メサヴェルデ，チャコ，プエブロ・デ・タオス
産業・技術遺産	ファルーンの大銅山の採鉱地域，センメリング鉄道，ミディ運河，ダージリン・ヒマラヤ鉄道，ソルテア，ニュー・ラナーク，Ir.D.F.ウォーダヘマール（D.F.ウォーダ蒸気揚水ポンプ場），ブレナヴォンの産業景観，エンゲルスベルクの製鉄所，ヴィエリチカ塩坑，ルヴィエールとルルー（エノー州）にあるサントル運河の4つの閘門と周辺環境
近・現代建築物	ブラジリア，建築家ヴィクトール・オルタの主な邸建築，バウハウス，バルセロナのグエル公園，グエル邸，カサ・ミラ，リートフェルト・シュレーダー邸，ブルノのトゥーゲントハット邸
負の遺産	アウシュヴィッツ，原爆ドーム，ゴレ島，ポトシ
文化的景観	◎トンガリロ，フィリピン・コルディリェラ山脈の棚田，スクル，アンボヒマンガの王丘，エーランド島南部の農業景観，クルシュ砂州，ワッハウ，アランフエス，シントラ，フェルト・ノイジィードラーゼー，サン・テミリオン管轄区
その他	ディヴリイの大モスクと病院，パドヴァの植物園（オルト・ボタニコ），自由の女神像，グアダラハラのオスピシオ・カバニャス

シンクタンクせとうち総合研究機構　発行　　　123

〈著者プロフィール〉

FURUTA Mami
古田真美 シンクタンクせとうち総合研究機構 事務局長 兼 世界遺産総合研究所 事務局長

1954年広島県生まれ。1977年青山学院大学文学部史学科卒業。ひろしま女性大学、総理府国政モニターなどを経て現職。毎日新聞社主催毎日郷土提言賞優秀賞受賞、広島県事業評価監視委員会委員、広島県景観審議会委員、広島県放置艇対策あり方検討会委員、NHK視聴者会議委員などを歴任。ロンドン、パリ、ローマ、ヴァチカン、ティヴォリ、フィレンツェ、ピサ、ヴェネチア、ヴェローナ、ミラノ、ブリュッセル、アントワープ、ブリュージュ、ナミュール、ルクセンブルグ、ウィズバーデン、フランクフルト、メッセル、モスクワ、北京、上海、杭州、蘇州、南京、無錫、大連、旅順、ソウル、水原、慶州、釜山、ケアンズ、ブリスベン、シドニー、バンクーバー、カルガリー、バンフ、トロントなど国内外諸都市を取材などで歴訪。
1998年9月に世界遺産研究センター（現 世界遺産総合研究所）を、2001年1月に21世紀総合研究所を設置（事務局長兼務）。

専門研究分野 景観美学、都市文化、アンケート調査分析、世界遺産研究、口承・無形遺産、歴史地理、環境教育
講演 福山人材塾、広島ロータリークラブほか
講座・セミナー 豊中市立庄内公民館春の公民館講座「世界遺産入門～守るべき美しい自然と文化～」、東京都中野区もみじ山文化セミナー「世界遺産～世界遺産学のすすめ～」、東京都品川区冬の区民大学教養講座「日本の世界遺産～その特質と多様性について～」、東京都立川市国際理解講座「世界遺産をめぐる～一度は訪れたい世界遺産」ほか
シンポジウム 「広島県・愛媛県広域交流セミナー」（パネリスト・コメンテーター）
テレビ出演 東海テレビ「NEXT21」～次代への挑戦者たち～」（ゲスト出演）
論文 「西瀬戸自動車道（現 瀬戸内しまなみ海道）沿線の地域づくり」、(財)余暇開発センター「月刊ロアジール」、「世界遺産地の光と影」ほか
編著書 「世界遺産入門」、「世界遺産学入門」、「環瀬戸内からの発想」（共著）、「日本列島・21世紀への構図」（編著）、「全国47都道府県誇れる郷土データ・ブック」、「環瀬戸内海エリア・データブック」、「世界遺産データ・ブック」、「日本海エリア・データブック」、「環日本海エリア・データブック」、「世界遺産ガイド」（共編）、「誇れる郷土ガイド－東日本編－」、「誇れる郷土ガイド－西日本編－」、「日本ふるさと百科」、「誇れる郷土ガイド－口承・無形遺産編－」、「誇れる郷土ガイド－北海道・東北編－」、「誇れる郷土ガイド－関東編－」、「誇れる郷土ガイド－中部編－」、「誇れる郷土ガイド－近畿編－」、「誇れる郷土ガイド－中国・四国編－」、「誇れる郷土ガイド－九州・沖縄編－」、「世界遺産ガイド－日本編 2001改訂版－」、「世界遺産ガイド－日本編－2.保存と活用」、「世界遺産ガイド－アジア・太平洋編－」、「世界遺産ガイド－中央アジアと周辺諸国編－」、「世界遺産ガイド－中東編－」、「世界遺産ガイド－西欧編－」、「世界遺産ガイド－北欧・東欧・CIS編－」、「世界遺産ガイド－アフリカ編－」、「世界遺産ガイド－アメリカ編－」、「世界遺産ガイド－自然遺産編－」、「世界遺産ガイド－文化遺産編－Ⅰ.遺跡」、「世界遺産ガイド－文化遺産編－Ⅱ.建造物」、「世界遺産ガイド－文化遺産編－Ⅲ.モニュメント」、「世界遺産ガイド－文化遺産編－Ⅳ.文化的景観」、「世界遺産ガイド－複合遺産編－」、「世界遺産ガイド－危機遺産編－」、「世界遺産ガイド－都市・建築編－」、「世界遺産ガイド－産業・技術編－」、「世界遺産ガイド－名勝・景勝地編－」、「世界遺産ガイド－世界遺産条約編－」、「世界遺産ガイド－国立公園編－」、「世界遺産ガイド－19世紀と20世紀の世界遺産編－」、「世界遺産ガイド－歴史都市編－」、「世界遺産ガイド－歴史的人物ゆかりの世界遺産編－」、「世界遺産マップス」、「世界遺産フォトス」、「世界遺産フォト第2集」、「世界遺産事典」、「世界遺産Q&A」（監修）
調査研究 「世界遺産にしたい日本の自然遺産と文化遺産に関するアンケート」、「全国の世界遺産登録に向けての動向調査」
執筆 現代用語の基礎知識 2003年版（自由国民社）話題学「ユネスコ危機遺産」
エッセイ 「かけがえのない世界遺産～地球と人類の至宝～」（TAKARAZUKA 阪急電鉄）

世界遺産入門 －過去から未来へのメッセージ－

2003年（平成15年）2月25日 初版 第1刷

著　　　者	古田真美	
企画・構成	21世紀総合研究所	
編　　　集	世界遺産総合研究所	
発　　　行	シンクタンクせとうち総合研究機構 ⓒ	
	〒733-0844	
	広島市西区井口台3丁目37番3-1110号	
	℡&FAX　082-278-2701	
	郵便振替　01340-0-30375	
	電子メール　sri@orange.ocn.ne.jp	
	インターネット　http://www.dango.ne.jp/sri/	
	出版社コード　916208	
印刷・製本	図書印刷株式会社	

ⓒ本書の内容を複写、複製、引用、転載される場合には、必ず、事前にご連絡下さい。

Complied and Printed in Japan, 2003　ISBN4-916208-67-6 C1526 Y2000E

発行図書のご案内

世界遺産シリーズ

世界遺産シリーズ ★(社)日本図書館協会選定図書
世界遺産データ・ブック －2003年版－
世界遺産総合研究センター編　ISBN4-916208-60-9　本体2000円　2002年7月

世界遺産シリーズ ★(社)日本図書館協会選定図書
世界遺産事典 －関連用語と全物件プロフィール－ 2001改訂版
世界遺産総合研究センター編　ISBN4-916208-49-8　本体2000円　2001年8月

世界遺産シリーズ　【新刊】
世界遺産キーワード事典
世界遺産総合研究所編　ISBN4-916208-68-4　本体2000円　2003年2月

世界遺産シリーズ ★(社)日本図書館協会選定図書　☆全国学校図書館協議会選定図書
世界遺産フォトス －写真で見るユネスコの世界遺産－
世界遺産研究センター編　ISBN4-916208-22-6　本体1905円　1999年8月

世界遺産シリーズ
世界遺産フォトス －第2集　多様な世界遺産－
世界遺産総合研究センター編　ISBN4-916208-50-1　本体2000円　2002年1月

世界遺産シリーズ ★(社)日本図書館協会選定図書
世界遺産入門 －地球と人類の至宝－
古田陽久　古田真美　共著　ISBN4-916208-12-9　本体1429円　1998年4月

世界遺産シリーズ　【新刊】
世界遺産入門 －過去から未来へのメッセージ－
古田陽久　古田真美　共著　ISBN4-916208-67-6　本体2000円　2003年2月

世界遺産シリーズ ★(社)日本図書館協会選定図書
世界遺産学入門 －もっと知りたい世界遺産－
古田陽久　古田真美　共著　ISBN4-916208-52-8　本体2000円　2002年2月

世界遺産シリーズ　【新刊】
世界遺産マップス －地図で見るユネスコの世界遺産－ 2003改訂版
世界遺産総合研究所編　ISBN4-916208-66-8　本体2000円　2003年1月

世界遺産シリーズ ★(社)日本図書館協会選定図書
世界遺産Q&A －世界遺産の基礎知識－ 2001改訂版
世界遺産総合研究センター編　ISBN4-916208-47-1　本体2000円　2001年9月

世界遺産シリーズ ★(社)日本図書館協会選定図書
世界遺産ガイド －自然遺産編－
世界遺産研究センター編　ISBN4-916208-20-X　本体1905円　1999年1月

世界遺産シリーズ ★(社)日本図書館協会選定図書　☆全国学校図書館協議会選定図書
世界遺産ガイド －文化遺産編－　Ⅰ遺跡
世界遺産研究センター編　ISBN4-916208-32-3　本体2000円　2000年8月

世界遺産シリーズ

世界遺産シリーズ ★(社)日本図書館協会選定図書　☆全国学校図書館協議会選定図書
世界遺産ガイド　－文化遺産編－　II建造物
世界遺産研究センター編　　ISBN4-916208-33-1　本体2000円　2000年9月

世界遺産シリーズ ★(社)日本図書館協会選定図書　☆全国学校図書館協議会選定図書
世界遺産ガイド　－文化遺産編－　IIIモニュメント
世界遺産研究センター編　　ISBN4-916208-35-8　本体2000円　2000年10月

世界遺産シリーズ ★(社)日本図書館協会選定図書　☆全国学校図書館協議会選定図書
世界遺産ガイド　－文化遺産編－　IV文化的景観
世界遺産総合研究センター編　　ISBN4-916208-53-6　本体2000円　2002年1月

世界遺産シリーズ ★(社)日本図書館協会選定図書　☆全国学校図書館協議会選定図書
世界遺産ガイド　－複合遺産編－
世界遺産総合研究センター編　　ISBN4-916208-43-9　本体2000円　2001年4月

世界遺産シリーズ ★(社)日本図書館協会選定図書
世界遺産ガイド　－危機遺産編－
世界遺産総合研究センター編　　ISBN4-916208-45-5　本体2000円　2001年7月

世界遺産シリーズ ★(社)日本図書館協会選定図書　☆全国学校図書館協議会選定図書
世界遺産ガイド　－世界遺産条約編－
世界遺産研究センター編　　ISBN4-916208-34-X　本体2000円　2000年7月

世界遺産シリーズ ★(社)日本図書館協会選定図書　☆全国学校図書館協議会選定図書
世界遺産ガイド　－中国・韓国編－
世界遺産総合研究センター編　　ISBN4-916208-55-2　本体2000円　2002年3月

世界遺産シリーズ ★(社)日本図書館協会選定図書
世界遺産ガイド　－アジア・太平洋編－
世界遺産研究センター編　　ISBN4-916208-19-6　本体1905円　1999年3月

世界遺産シリーズ ★(社)日本図書館協会選定図書
世界遺産ガイド　－中央アジアと周辺諸国編－
世界遺産総合研究センター編　　ISBN4-916208-63-3　本体2000円　2002年8月

世界遺産シリーズ ★(社)日本図書館協会選定図書　☆全国学校図書館協議会選定図書
世界遺産ガイド　－中東編－
世界遺産研究センター編　　ISBN4-916208-30-7　本体2000円　2000年7月

世界遺産シリーズ ★(社)日本図書館協会選定図書　☆全国学校図書館協議会選定図書
世界遺産ガイド　－西欧編－
世界遺産研究センター編　　ISBN4-916208-29-3　本体2000円　2000年4月

世界遺産シリーズ ★(社)日本図書館協会選定図書　☆全国学校図書館協議会選定図書
世界遺産ガイド　－北欧・東欧・CIS編－
世界遺産研究センター編　　ISBN4-916208-28-5　本体2000円　2000年4月

世界遺産シリーズ ★(社)日本図書館協会選定図書　☆全国学校図書館協議会選定図書
世界遺産ガイド　－アフリカ編－
世界遺産研究センター編　　ISBN4-916208-27-7　本体2000円　2000年3月

世界遺産シリーズ

世界遺産シリーズ　★(社)日本図書館協会選定図書
世界遺産ガイド －アメリカ編－
世界遺産研究センター編　　ISBN4-916208-21-8　本体1905円　1999年6月

世界遺産シリーズ　★(社)日本図書館協会選定図書
世界遺産ガイド －都市・建築編－
世界遺産研究センター編　　ISBN4-916208-39-0　本体2000円　2001年2月

世界遺産シリーズ　★(社)日本図書館協会選定図書　☆全国学校図書館協議会選定図書
世界遺産ガイド －産業・技術編－
世界遺産研究センター編　　ISBN4-916208-40-4　本体2000円　2001年3月

世界遺産シリーズ　★(社)日本図書館協会選定図書
世界遺産ガイド －名勝・景勝地編－
世界遺産研究センター編　　ISBN4-916208-41-2　本体2000円　2001年3月

世界遺産シリーズ　★(社)日本図書館協会選定図書
世界遺産ガイド －国立公園編－
世界遺産総合研究センター編　ISBN4-916208-58-7　本体2000円　2002年5月

世界遺産シリーズ　★(社)日本図書館協会選定図書
世界遺産ガイド －19世紀と20世紀の世界遺産編－
世界遺産総合研究センター編　ISBN4-916208-56-0　本体2000円　2002年7月

世界遺産シリーズ　★(社)日本図書館協会選定図書
世界遺産ガイド －歴史都市編－
世界遺産総合研究センター編　ISBN4-916208-64-1　本体2000円　2002年9月

世界遺産シリーズ　★(社)日本図書館協会選定図書
世界遺産ガイド －歴史的人物ゆかりの世界遺産編－
世界遺産総合研究センター編　ISBN4-916208-57-9　本体2000円　2002年10月

世界遺産シリーズ　★(社)日本図書館協会選定図書
世界遺産ガイド －人類の口承及び無形遺産の傑作編－
世界遺産総合研究センター編　ISBN4-916208-59-5　本体2000円　2002年4月

世界遺産データ・ブック

世界遺産シリーズ　★(社)日本図書館協会選定図書
世界遺産データ・ブック －2003年版－
世界遺産総合研究センター編　ISBN4-916208-60-9　本体2000円　2002年7月

（2003年版より、毎年7月刊行に変更）

日本の世界遺産

世界遺産シリーズ　★(社)日本図書館協会選定図書
世界遺産ガイド －日本編－　2.保存と活用
世界遺産総合研究センター編　ISBN4-916208-54-4　本体2000円　2002年2月

世界遺産シリーズ　★(社)日本図書館協会選定図書　☆全国学校図書館協議会選定図書
世界遺産ガイド －日本編－　2001改訂版
世界遺産研究センター編　　ISBN4-916208-36-6　本体2000円　2001年1月

ふるさとシリーズ

誇れる郷土ガイド －東日本編－ ☆全国学校図書館協議会選定図書
シンクタンクせとうち総合研究機構編　ISBN4-916208-24-2　本体1905円　1999年12月

誇れる郷土ガイド －西日本編－ ☆全国学校図書館協議会選定図書
シンクタンクせとうち総合研究機構編　ISBN4-916208-25-0　本体1905円　2000年1月

環日本海エリア・ガイド
シンクタンクせとうち総合研究機構編　ISBN4-916208-31-5　本体2000円　2000年6月

西日本2府15県　★(社)日本図書館協会選定図書
環瀬戸内海エリア・データブック
シンクタンクせとうち総合研究機構編　ISBN4-9900145-7-X　本体1456円　1996年10月

誇れる郷土データ・ブック　－1996～97年版－
シンクタンクせとうち総合研究機構編　ISBN4-9900145-6-1　本体1262円　1996年6月

日本ふるさと百科－データで見るわたしたちの郷土－
シンクタンクせとうち総合研究機構編　ISBN4-916208-11-0　本体1429円　1997年12月

誇れる郷土ガイド－全国の世界遺産登録運動の動き－ 新刊
シンクタンクせとうち総合研究機構編　ISBN4-916208-69-2　本体2000円　2003年1月

誇れる郷土ガイド　－口承・無形遺産編－
シンクタンクせとうち総合研究機構編　ISBN4-916208-44-7　本体2000円　2001年6月

誇れる郷土ガイド　－北海道・東北編－
シンクタンクせとうち総合研究機構編　ISBN4-916208-42-0　本体2000円　2001年5月

誇れる郷土ガイド　－関東編－
シンクタンクせとうち総合研究機構編　ISBN4-916208-48-X　本体2000円　2001年11月

誇れる郷土ガイド　－中部編－
シンクタンクせとうち総合研究機構編　ISBN4-916208-61-7　本体2000円　2002年10月

誇れる郷土ガイド　－近畿編－
シンクタンクせとうち総合研究機構編　ISBN4-916208-46-3　本体2000円　2001年10月

誇れる郷土ガイド　－中国・四国編－
シンクタンクせとうち総合研究機構編　ISBN4-916208-65-X　本体2000円　2002年12月

誇れる郷土ガイド　－九州・沖縄編－
シンクタンクせとうち総合研究機構編　ISBN4-916208-62-5　本体2000円　2002年11月

地球と人類の21世紀に貢献する総合データバンク
シンクタンクせとうち総合研究機構

事務局　〒733－0844　広島市西区井口台三丁目37番3－1110号
書籍のご注文専用ファックス℡082－278－2701　電子メールsri@orange.ocn.ne.jp
※シリーズや年度版の定期予約は、当シンクタンク事務局迄お申し込み下さい。